印刷工业出版社
Adobe® 创意大学指定教材
面向“十二五”数字艺术设计规划教材

Adobe® 创意大学 After Effects CS5影视特效师标准实训教材

◎ 易锋教育 总策划
◎ 何清超 纪春光 编著

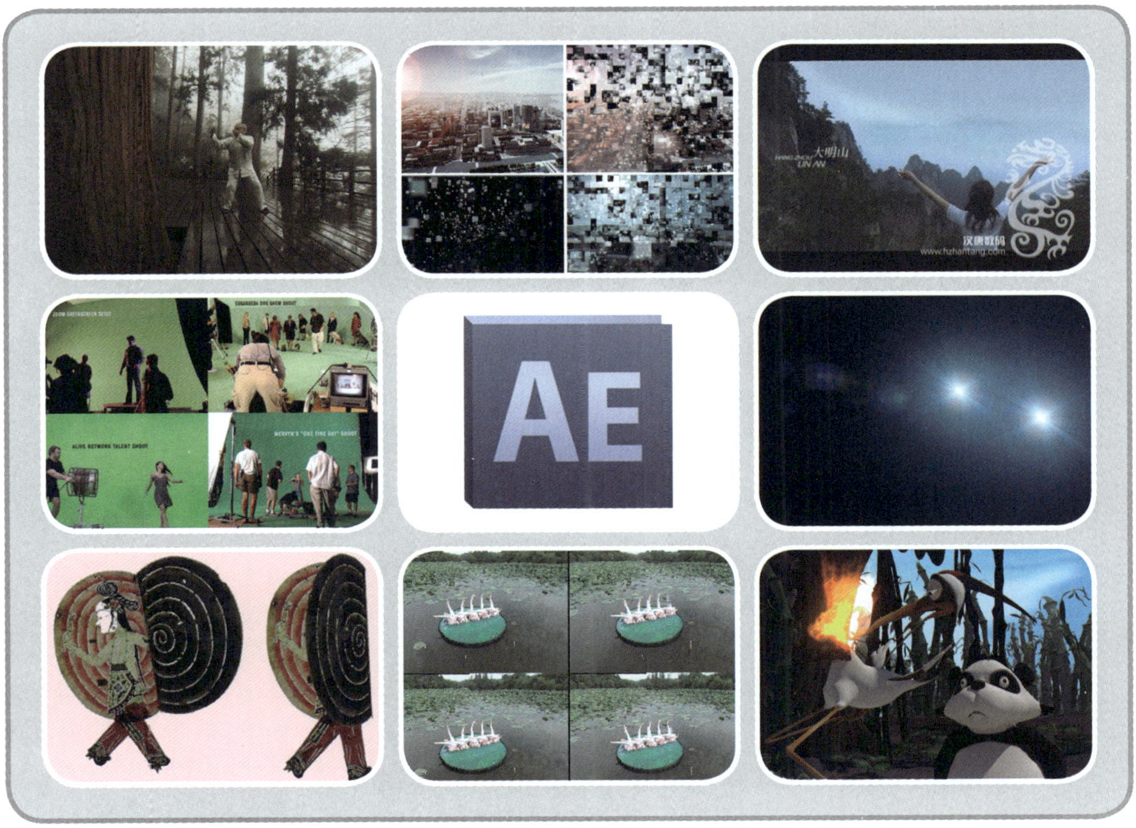

文化发展出版社
Cultural Development Press

内容提要

本书以After Effects CS5为软件操作蓝本，以高级栏目包装和影片后期合成为基础，介绍真实商业项目的关键环节和影视特效制作的相关知识。本书共分为9个模块，模块01介绍制作基础知识，后面的模块分别介绍了皮影戏、西湖四季、新动影擎、金迪门广告、杭州临安城市宣传片、杭州国芯宣传片和动画片《小龙阿布》等实际案例。每个模块分为模拟制作任务、知识点拓展、独立实践任务和课后作业四部分，模拟制作任务详细介绍了经典产品案例的制作步骤，逐步掌握After Effects软件的综合使用方法和技巧，实际项目从前期策划到后期制作的工作流程以及案例“从无到有”的制作过程；知识点拓展对应模拟制作任务中的相关知识点并对其进行深入讲解，活学活用；独立实践任务和课后作业部分锻炼读者学以致用的能力，快速提高影视特效制作的能力。

本书附赠一张DVD光盘，内容包含所有实例的素材文件、工程文件和最终效果文件（含图片和视频），方便读者学习使用。

本书可作为本科、高职高专院校、相关领域培训班数字艺术、影视编辑、多媒体等相关专业影视编辑课程的教材，也可作为从事和爱好视频编辑工作的相关人员的自学教材和参考资料。

图书在版编目（CIP）数据

Adobe创意大学After Effects CS5影视特效师标准实训教材/何清超，纪春光编著.
–北京：文化发展出版社，2012.7

ISBN 978–7–5142–0463–6

Ⅰ.A… Ⅱ.①何…②纪… Ⅲ.视频编辑软件－高等学校－教材 Ⅳ.TP391.41

中国版本图书馆CIP数据核字(2012)第097063号

Adobe创意大学After Effects CS5 影视特效师标准实训教材

编　著：何清超 纪春光

责任编辑：张　鑫
执行编辑：李　毅　　责任校对：岳智勇
责任印制：孙晶莹　　责任设计：侯　铮
出版发行：文化发展出版社（北京市翠微路2号 邮编：100036）
网　址：www.keyin.cn　　www.printhome.com
经　销：各地新华书店
印　刷：北京玺诚印务有限公司

开　本：787mm×1092mm　1/16
字　数：310千字
印　张：11
印　数：4001～5000
印　次：2012年7月第1版　2016年9月第2次印刷
定　价：46.00元（含1DVD）
ISBN：978–7–5142–0463–6

如发现印装质量问题请与我社发行部联系　发行部电话：010–88275710

丛书编委会

主　任：黄耀辉

副主任：赵鹏飞　毛屹槟

编委（或委员）：（按照姓氏字母顺序排列）

白　净　范淑兰　郭　瑞　何清超

黄耀辉　姜　海　刘　强　马增友

毛屹槟　倪　栋　王　琬　王夕勇

肖红力　谢垭冰　于秀芹　张宝飞

张　鑫　赵　杰　赵鹏飞　赵一兵

钟星翔

本书编委会

主编：易锋教育

编者：何清超　纪春光

审稿：张　鑫

序一

Adobe 是全球最大、最多元化的软件公司之一，以其卓越的品质享誉世界，旗下拥有众多深受广大客户信赖和认可的软件品牌。Adobe 彻底改变了世人展示创意、处理信息的方式。从印刷品、视频和电影中的丰富图像到各种媒体的动态数字内容，Adobe 解决方案的影响力在创意产业中是毋庸置疑的。任何创作、观看以及与这些信息进行交互的人，对这一点更是有切身体会。

中国创意产业已经成为一个重要的支柱产业，将在中国经济结构的升级过程中发挥非常重要的作用。2009 年，中国创意产业的总产值占国民生产总值的 3%，但在欧洲国家这个比例已经占到 10% ～ 15%。这说明在中国创意产业还有着巨大的市场机会，同时，这个行业也将需要大量的与市场需求所匹配的高素质人才。

从目前的诸多报道中可以看到，许多拥有丰富传统知识的毕业生，一出校门很难找到理想的工作，这是因为他们的知识与技能达不到市场的期望和行业的要求。出现这种情况的主要原因很大程度上在于教育行业缺乏与产业需求匹配的专业课程以及能教授学生专业技能的教师。这些技能是至关重要的，尤其是中国正处在计划将自己的经济模式与国际角色从“Made in China/ 中国制造”提升为具备更多附加值的“Designed & Made in China/ 中国设计与制造”的过程中。

Adobe® 创意大学（Adobe® Creative University）计划是 Adobe 公司联合行业专家、行业协会、教育专家、一线教师、Adobe 技术专家，面向国内动漫、平面设计、出版印刷、eLearning、网站制作、影视后期、RIA 开发及其相关行业，针对专业院校、培训机构和创意产业园区创意类人才的培养，以及中小学、网络学院、师范类院校师资力量的建设，基于 Adobe 核心技术，为中国创意产业生态全面升级和教育行业师资水平和技术水平的全面强化而联合打造的全新教育计划。

Adobe® 创意大学计划旨在与国内专业院校、培训机构、创意产业园区以及国家教育主管部门联合，为中国创意行业和教育行业培养更多专业型、实用型、技术型的高端人才，并帮助学生和从业人员快速完成职业和专业能力塑造，迅速提高岗位技能和职业水平，强化个人的市场竞争力，高质、高效地步入工作岗位。

为贯彻 Adobe® 创意大学的教育理念，Adobe 公司联合多方面、多行业的人才组成教育专家组负责新模式教材的开发工作，把最新 Adobe 技术、企业岗位技能需求、院校教学特点、教材编写特点有机结合，以保证课程技能传递职业岗位必备的核心技术与专业需求，又便于实现院校教师易教、学生易学的双重要求。

我们相信 Adobe® 创意大学计划必将为中国的创意产业的发展以及相关专业院校的教学改革提供良好的支持。

Adobe 将与中国一起发展与进步！

Adobe 大中华区董事总经理　黄耀辉

序二

近年来，随着计算机软硬件技术的发展，数字艺术这种新兴的艺术形式得以飞速发展，其应用领域包括平面、视频、动画、设计等。在很多电影电视作品中，数字艺术已经取代了传统的拍摄方法。电影与其他媒介中的数字艺术效果变得“超级”逼真，甚至无法看出它和真实场景的差别，其在视觉表现上完全与真实拍摄出来的画面如出一辙。

2006年的夏季，禁不住天堂梦想的诱惑，凭着对CG行业敏锐的触角，我们开始在钱塘江试水，这就诞生了由中南卡通、杭州文广集团和中国传媒大学合资成立的杭州汉唐影视动漫有限公司。汉唐整合了三方资源的优势，凭借强大的3D动漫、学术和文化产业平台，成为国内首家集产、学、研、媒体四位一体的3D影视及动漫产业旗舰。

我们秉承“笃心无界、行者无疆”的信念，本着“立足杭州、服务全国”的战略目标，一直在努力。目前已为杭州市市政府、钱江新城管委会、杭州旅委、临安旅委、杭州高新区（滨江）、广东佛山、华数、新动传播、杭州国际动漫节组委会、阿里巴巴、中南卡通等国内数十家政府机构和知名企业提供了良好的视频解决方案。我们制作的影视作品有《大杭州旅游广告片》《中南集团宣传片》《第八届残疾人运动会宣传片》《舟山旅游宣传片及广告片》、大型公益立体电影《品质杭州》宣传片、《第八届城市运动会宣传片》《钱江新城十周年宣传片》等，动画作品包括《小龙阿布》《乐比悠悠》《中国熊猫》《极速之星》《恒生电子吉祥物》，还有《新水浒传预告片》《宫心计》预告片、《阿六头》三维栏目包装等。其中，《小龙阿布》是中国首部全高清的三维动画片，目前正在央视一套热播。

数字艺术的发展引领着影视动漫产业的蓬勃发展，然而目前制约影视动漫产业发展的最大问题在于人才的匮乏。解决这个问题主要依靠教育和培训，而培养出优秀的人才则需将教育与实践紧密地结合起来。杭州汉唐影视动漫有限公司下辖教学培训中心，负责开展对外教学培训工作，学员在学习的同时直接参与实际项目的制作，强化学历教育与技能培训的沟通与接轨，实现“学业”与“职业”的有效整合。

易锋教育联合厂商与行业技术专家共同策划了“标准实训教材”和“技能基础教材”的新模式教材体系开发项目。我们有幸参与了该项目，负责编写动画与视频系列图书，目的是分享我们在多年动画与影视后期制作中积累的经验和技巧，以及在教学培训时积累的教育经验，将最新的合成技术与编辑流程呈现在读者面前。同时，我们希望更多的影视动画爱好者了解并深入到CG行业中，使国内影视动漫产业能够加速发展。

杭州汉唐影视动漫有限公司总经理

中国传媒大学研究生导师

何清超

前言

Adobe 于 8 月正式推出的全新“Adobe® 创意大学”计划引起了教育行业强烈关注。“Adobe® 创意大学”计划集结了强大的教学、师资和培训力量，由活跃在行业内的行业专家、教育专家、一线教师、Adobe 技术专家以及行业协会共同制作并隆重推出了“Adobe® 创意大学”计划的全部教学内容及其人才培养计划。

Adobe® 创意大学计划概述

Adobe® 创意大学（Adobe® Creative University）计划是 Adobe 公司联合行业专家、行业协会、教育专家、一线教师、Adobe 技术专家，面向国内动漫、平面设计、出版印刷、eLearning、网站制作、影视后期、RIA 开发及其相关行业，针对专业院校、培训机构和创意产业园区创意类人才的培养，以及中小学、网络学院、师范类院校师资力量的建设，基于 Adobe 核心技术，为中国创意产业生态全面升级和教育行业师资水平和技术水平的全面强化而联合打造的全新教育计划。

Adobe® 创意大学计划旨在与国内专业院校、培训机构、创意产业园区以及国家教育主管部门联合，为中国创意行业和教育行业培养更多专业型、实用型、技术型的高端人才，并帮助学生和从业人员快速完成职业和专业能力塑造，迅速提高岗位技能和职业水平，强化个人的市场竞争力，高质、高效地步入工作岗位。

专业院校、培训机构、创意产业园区人才培养平台均可加入 Adobe® 创意大学计划，并获得 Adobe 的最新技术支持和人才培养方案，通过对相关专业技术和专业知识、行业技能的严格考核，完成创意人才、教育人才和开发人才的培养。

加入“Adobe® 创意大学”的理由

Adobe 将通过区域合作伙伴和行业合作伙伴对 Adobe® 创意大学合作机构提供持续不断的技术、课程、市场活动服务。

“Adobe 创意大学”的合作机构将获得以下权益。

1. 荣誉及宣传

（1）获得“Adobe 创意大学”的正式授权，机构名称将刊登在 Adobe 教育网站 (www.adobecu.com) 上，Adobe 进行统一宣传，提高授权机构的知名度。

（2）获得“Adobe 创意大学”授权牌。

（3）可以在宣传中使用“Adobe 创意大学”授权机构的称号。

（4）免费获得 Adobe 最新的宣传资料支持。

2．技术支持

（1）第一时间获得 Adobe 最新的教育产品信息、技术支持。

（2）可优惠采购相关教育软件。

（3）有机会参加“Adobe 技术讲座”和“Adobe 技术研讨会”。

（4）有机会参加 Adobe 新版产品发布前的预先体验计划。

3．教学支持

（1）获得相关专业课程的全套教学方案（课程体系、指定教材、教学资源）。

（2）获得深入的师资培训，包括专业技术培训、来自一线的实践经验分享、全新的实训教学模式分享。

4．市场支持

（1）优先组织学生参加 Adobe 创意大赛，获奖学生和合作机构将会被 Adobe 教育网站重点宣传，并享有优先人才推荐服务。

（2）有资格参加评选和被评选为 Adobe 创意大学优秀合作机构。

（3）教师有资格参加 Adobe 优秀教师评选；特别优秀的教师有机会成为 Adobe 教育专家委员会成员。

（4）作为 Adobe 创意大学计划考试认证中心，可以组织学生参加 Adobe 创意大学计划的认证考试。考试合格的学生获得相应的 Adobe 认证证书。

（5）参加 Adobe 认证教师培训，持续提高师资力量，考试合格的教师将获得 Adobe 颁发的“Adobe 认证教师”证书。

Adobe® 创意大学计划认证体系和认证证书

（1）Adobe 产品技术认证：基于 Adobe 核心技术，并涵盖各个创意设计领域，为各行业培养专业技术人才而定制。

（2）Adobe 动漫技能认证：联合国内知名动漫企业，基于动漫行业的需求，为培养动漫创作和技术人才而定制。

（3）Adobe 平面视觉设计师认证：基于 Adobe 软件技术的综合运用，满足平面设计和包装印刷等行业的岗位需求，为培养了解平面设计、印刷典型流程与关键要求的人才而定制。

（4）Adobe eLearning 技术认证：针对教育和培训行业制定的数字化学习和远程教育技术的认证方案，以培养具有专业数字化教学资源制作能力、教学设计能力的教师 / 讲师等为主要目的，构建基于 Adobe 软件技术教育应用能力的考核体系。

（5）Adobe RIA 开发技术认证：通过 Adobe Flash 平台的主要开发工具实现基本的 RIA 项目开发，为培养 RIA 开发人才而全力打造的专业教育解决方案。

Adobe® 创意大学指定教材

—《Adobe 创意大学 Photoshop CS5 产品专家认证标准教材》

—《Adobe 创意大学 InDesign CS5 产品专家认证标准教材》

—《Adobe 创意大学 Illustrator CS5 产品专家认证标准教材》

—《Adobe 创意大学 After Effects CS5 产品专家认证标准教材》

—《Adobe 创意大学 Premiere Pro CS5 产品专家认证标准教材》

—《Adobe 创意大学 Flash CS5 产品专家认证标准教材》

—《Adobe 创意大学 Dreamweaver CS5 产品专家认证标准教材》

—《Adobe 创意大学 Fireworks CS5 产品专家认证标准教材》

—《Adobe 创意大学 Photoshop CS5 图像设计师标准实训教材》

—《Adobe 创意大学 InDesign CS5 版式设计师标准实训教材》

—《Adobe 创意大学 After Effects CS5 影视特效师标准实训教材》

—《Adobe 创意大学 Premiere Pro CS5 影视剪辑师标准实训教材》

—《Adobe 创意大学平面视觉设计师 Photoshop CS5+InDesign CS5+Illustrater CS5 标准实训教材》

—《Adobe 创意大学视频编辑师 After Effects CS5+Premiere Pro CS5 标准实训教材》

—《Adobe 创意大学动漫设计师 Flash CS5+Photoshop CS5 标准实训教材》

—《Adobe 创意大学网页设计师 Dreamweaver CS5+Photoshop CS5 标准实训教材》

“Adobe® 创意大学”计划所作出的贡献，将提升创意人才在市场上驰骋的能力，推动中国创意产业生态全面升级和教育行业师资水平和技术水平的全面强化。

项目及教材服务邮箱：adobemc@innoveredu.com

编著者

2011 年 12 月

目录

模块01 After Effects CS5制作基础

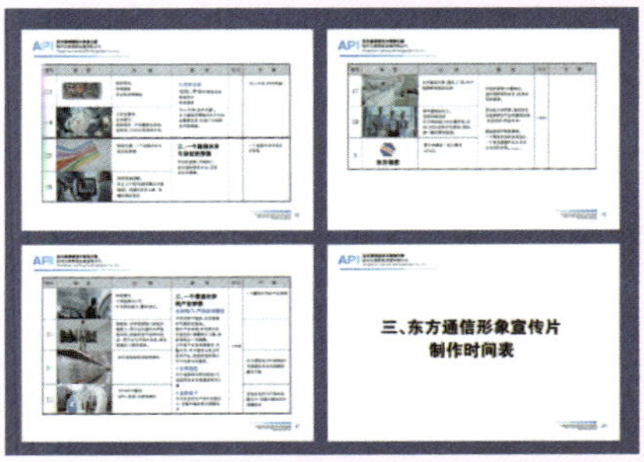

模块02 中国国际动漫节宣传片—— 皮影戏

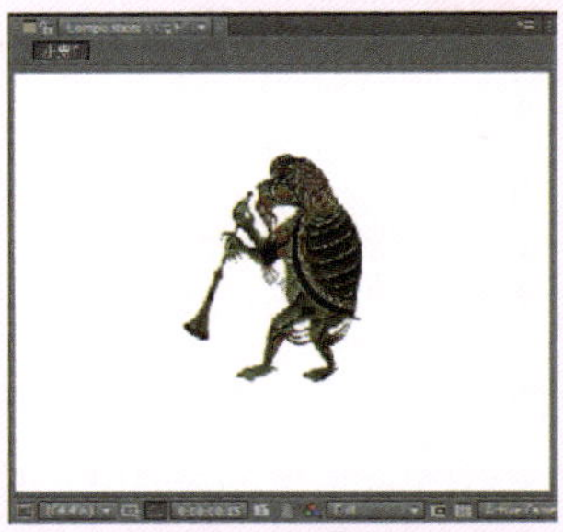

目录 CONTENTS

模块03 城市宣传专题片——西湖四季

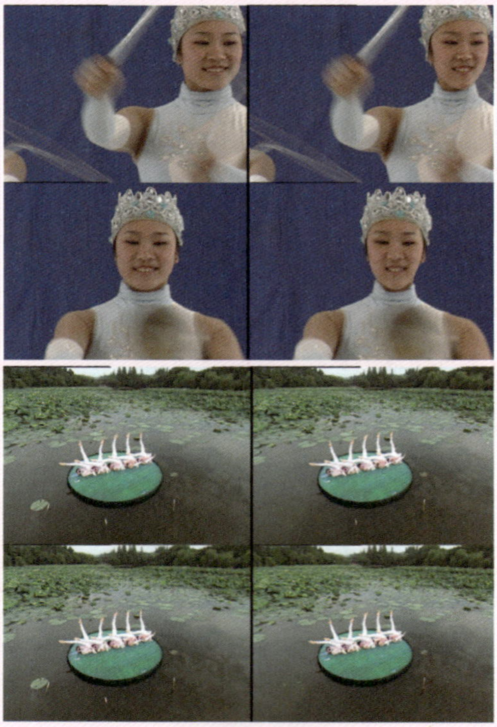

模块04 栏目片头制作——新动影擎（上）

After Effects

模块05 栏目片头制作——新动影擎（下）

模块06 商业广告片——金迪门广告

模块07 城市形象宣传片——杭州临安

模块08 企业形象宣传片——杭州国芯宣传片

模块09 动画片特效制作——《小龙阿布》火焰效果

01 模块

After Effects CS5 制作基础

能力目标

掌握After Effects CS5制作的基本概念以及制作的基本流程

专业知识目标

1. 熟悉行业规范视频格式要求，掌握PAL制式以及高清等相关概念
2. 了解和掌握商业影视片制作流程

软件知识目标

掌握After Effects CS5软件初始化基本设置

课时安排

4课时（讲课4课时）

知识储备

知识点一　电视制作行业的规范视频格式

市场上流行的后期制作软件很多，例如After Effects、Vegas、Combustion、VideoStudio、Premiere、EDIUS、DFsion、Shake、Avid Xpress等，令人应接不暇。同时，影视技术更新也很快，如何选用合适的软件确实让人头痛。 要想选到合适的软件首先应当了解相关知识，后期制作分为视频合成和非线性编辑两部分，两者缺一不可。视频合成用于对众多不同元素进行艺术性组合和加工，实现特效、剪辑和片头动画，非线性编辑可以实现对数字化的媒体随机访问、不按时间顺序记录或重放编辑。After Effects擅长视频合成，支持从4×4到30000×30000像素分辨率，可以精确定位到一个像素的千分之六，特效控制等功能非常强大。而Premiere在非线性编辑领域同样具有突出优势。After Effects和Premiere来自同一家公司，协调性极好。 其次，必须紧跟市场的发展需求，因此，应尽量选用最流行、潜力最大的软件。众所周知，Adobe解决方案早已成为数码成像领域的金科玉律，例如Photoshop、Flash、Dreamweaver、Acrobat等均为业界标准。作为Adobe旗下的软件，After Effects和Premiere同样具有IT人员所熟知Adobe风格界面，降低了学习难度。同时，它们在导入Photoshop、Illustrator等图像文件时，具有得天独厚的兼容性优势。 因此，综合考虑，采用After Effects+Premiere模式开展影视后期制作的学习最为合适，当然，要想成为从事电视包装特效的制作者，还必须掌握以下知识。

1 中国电视制作采用的制式

PAL制式是由原西德在1962年制定的彩色电视广播标准，它克服了NTSC制式因相位敏感造成的色彩失真的缺点，中国、德国、英国、新加坡、澳大利亚、新西兰等国家均采用这种制式。PAL制式是电视广播中色彩编码的一种方法，全名为 Phase Alternating Line 逐行倒相。除了北美、东亚部分地区使用NTSC，中东、法国及东欧采用 SECAM 以外，世界上大部分地区都是采用 PAL制式。PAL制式由德国人 Walter Bruch 在1967年提出，当时他是为德律风根（Telefunken）工作。“PAL”有时亦被用来指625线，每秒25帧，是一种奇场在前，偶场在后的电视制式。标准的数字化PAL电视标准分辨率为720×576, 24比特的色彩位深，画面的宽高比为4 : 3，像素比为1 : 1.09（After Effects CS5之前版本的像素比为1 : 1.067）。

由于PAL制是隔行扫描，一帧动态图像由两幅隔行画面组成，即PAL制的场频为50，这也符合我国交流供电的频率——50Hz。使用隔行扫描，画面的扫描包括上场和下场（又称奇数场和偶数场），起始扫描线的上下取决于采集的素材视频板卡。

2 常用数字色彩模式

PAL制，这种制式用U、V色差信号分别对初相位为0°和90°的两个同频色副载波进行正交平衡调幅,并把V分量的色差信号逐行倒相。这样,色度信号的相位偏差在相邻行之间经平均而得到抵消。这种制式的特点是对相位偏差不甚敏感，并在传输中受多径接收而出现重影彩色的影响较小。

电视色彩由三原色，即红、绿、蓝组成，满足电视制作要求的色深位数是8位（8 bit），也就是一种颜色的饱和度要分为2的8次方等级，即256级。那么三种颜色组成的电视信号也就是3个8位通道，就是我们通常所说的24位（24 bit）色彩。由于制作需要，电视制作中还有一个Alpha通道，这个由黑白色彩组成的通道也占有256级，8位色深。因此含有Alpha通道的素材，一般称为24+8，即32位（32 bit）色深素材。

根据制作需要，采集的素材还有可能是每通道占10bit。这种素材就需要使用能够识别和给予大于8bit色彩空间的软件进行操作，否则这些高质量素材在制作过程中将受到损失，导致质量和普通8bit素材无异了。合成软件一般根据素材，可以分为8bit、16bit以及32bit。这里的bit数依旧指的是单个通道的色深。由于现在电视传输受硬件的限制，目前普通电视观众在家中看到的电视节目只能是8bit，而高于8bit色深的素材的意义，就是在电视节目制作中，可以尽可能高地保证图像还原，方便软件识别信号，减少制作中的损耗，如抠像素材等。

摄像机的模数转换量化bit数和刚才提到的制作色深bit数无关，摄像机的模数量化bit指的是摄像机CCD感光的三色模拟信号，转化为数字记录信号时的采样精度。当然数值也是越高越好，以前一般为8bit转换，现在数字摄像机为10bit，目前更有12bit的数模转换摄像机出现。由于受传输记录的限制，通过摄像机棱镜分光后的三色信号量化为数字信号后，并不直接以电视三原色进行记录，而需要转化为亮度和色差信号，即YUV信号。同样进入摄像机记录部分的三原色信号，转化为磁带记录信号时的采样率，一般可以分为四种，4：4：4、4：2：2、4：1：1和4：2：0，这些采样率就是指“亮度”和两组“色差”信号之间的采样比例。其中4指的是对画面全像素进行采样，而2和1则代表对全像素的1/2或者1/4进行采样量化。

由于生产公司不同，几家大的摄像机生产公司都有自己的磁带格式，同样是标清数字格式，索尼有DVCAM、BETACAM SX、MPEG IMX、DIGITAL BETACAM；松下有DVCPRO、DVCPRO50；JVC有DIGITAL-S。不同厂家之间的磁带格式互相不兼容，只有相同公司的录放设备之间才可以兼容回放，但也不能兼容记录。

3 高清晰电视工作格式

高清数字电视信号HDTV（High Definition Television，高清晰度电视），画面的比例是16：9。现在国际上通用的标准制式有很多种，在中国的电视制式当中，目前经常接触的有三种，分别是720/30p（1280×720p，每秒30帧逐行扫描）、1080/50i（1920×1080i，每秒50场隔行扫描）、1080/25p（1920×1080p，每秒25帧逐行扫描）。我国广电总局所规定的高清数字信号广播电视播放标准为第二种，即1080/50i（1920×1080i，每秒50场隔行扫描）。

制式中包含隔行扫描信号和逐行扫描的信号两种，目前在高清的制式中，就有逐行扫描的格式。为了区分，一般在讨论电视格式的时候，后缀会加上“p”或者“i”。其中加“p”的就是逐行扫描电视信号，加“i”的就是隔行扫描电视信号。

与标清一样，高清信号依然存在着不同的编码。我们常说的小高清（也就是HDV）就是和标清BETACAM SX、MPEG IMX一样采用“MPEG-2帧间压缩技术”的格式。而用于广播级的高清格式，如索尼的HDCAM、松下的DVCPRO HD都沿用了DV帧内压缩技术。当然，高清信号中还有松下的D5 HD无压缩数字分量格式存在。

在HDV制式中，有两种类型的高清晰录制体系。第一种为720p规范，逐行扫描信号，分辨率为1280×720（像素比为1：1）；另一种体系为1080i规范，隔行扫描，分辨率为1440×1080（像素比为1：1.33）。

4 电视像素比

前面的内容中已经接触到了像素比的概念。电视播出的每帧画面都是由像素构成的，以国家广电总局所规定的高清数字信号广播电视播放标准为范例，其像素比为画面1920÷1080≈1.777=16/9（比例），那么构成该画面的像素比例为1∶1，可视为正方形，说明其像素比例符合高清画面。以标清PAL制为例，画面大小为720÷576=1.25，而比例大小为4÷3≈1.333，也就是说，需要调整每个像素的比例大小以适应整体画面的比例大小，在After Effects CS5中，软件默认的像素比为1∶1.09，可视为长方形。在实际的项目操作中，如果没有正确调整像素的比例，则会出现画面变形。例如，比例为1∶1像素比的素材画面直接导入After Effects CS5（PAL制工程）中正圆形会变成椭圆形，如图1-1所示，左侧图形像素为1∶1，右侧图形为导入After Effects CS5 PAL制工程模式之后变形后的图形。

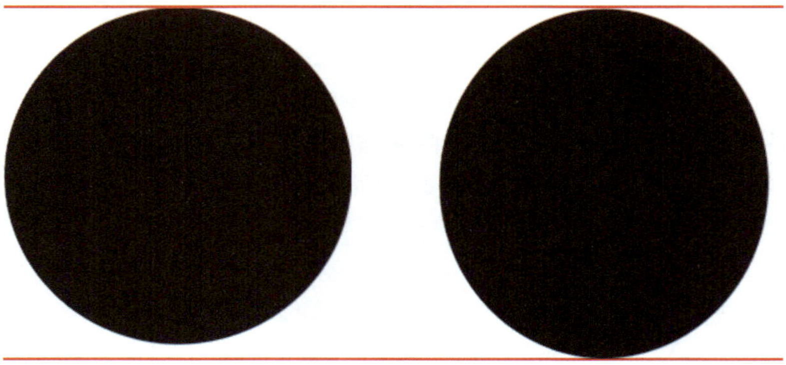

图1-1　像素比对照图

知识点二　影视后期制作工作流程

1 商业影视制作工作流程

从商业角度来说，每一个项目首先要做到的就是了解客户的需求、帮助客户满足他们的需求，在经过项目初期沟通并通过了比稿等流程，再与客户达成项目合作的共识后，就可以正式进入制作流程。商业影片的基本流程可以大致分为以下几个环节：前期创意、脚本、故事板（Storyboard）、制作计划、前期拍摄准备、中期拍摄和数字特效（三维制作、二维制作、影视特效等）、后期剪辑合成、影片输出、平台播放等。每个环节都要与客户进行紧密沟通，各个环节的顺序不是一成不变的。

下面以某上市公司的企业宣传片为例，具体了解商业影视片的前期沟通流程。首先需要了解项目的背景与客户的要求以及该片的用途，该公司设立在公司园区内650平方米的展示厅预订在三个月后开放，主要面对人群是直接客户。展厅内部有6个主要业务的展示区，还有洽谈区和休息区。展厅入口处需要播放公司形象片（片长1～2分钟），包括公司的大致介绍和整个公司不同产业在全球的覆盖率，客户希望用世界地图的概念表示，目的是让入场的人对公司有大概的了解，引起人们的好奇心，片子要有冲击力，要“亲切、震撼、好奇，体现高科技感”。在充分了解客户的需求后，开始进入正式的比稿流程。首先进行前期创意文稿，如表1-1以及图1-2至图1-5所示。

表 1-1　创意文稿

框架结构	画面概述	类解说词	字幕
1.一个穿越50余年的梦想			
企业介绍+历史	3G时代发展素材； 快速物流素材； 活力四溢的力量穿越时空星云。	聚焦3G时代，每一种力量的崛起都意味着一次新的超越。东方通信，作为3G通信的龙头企业，正引领中国移动通信产业潮流。	
			一个穿越50余年的梦想
	时间轴大事记； 数字不断滚动； 老照片被不断定格。	诞生于1958年，东方通信作为中国邮电通信行业的重点企业，每一次挑战都定格为历史的瞬间。	
2. 一个覆盖世界的产业梦想			
业务部门 + 全球覆盖			一个覆盖世界的产业梦想
	地球+星云素材； 时空隧道，男子的周围是多个业务的流动； 男子点击不同的业务，画面快速切入相关场景。	海纳百川方可成就世界格局。东方通信逐步形成以专网通信、金融电子、移动增值业务、网络优化、制造服务等传统产业为支柱的产业新格局。	
专网通信	地铁素材		东方通信将为杭州地铁1号线提供专业无线通信解决方案
金融电子	ATM生活素材		完全自主知识产权的金融支付及安全保障技术
移动增值业务	移动新生活素材		自主研发，国内占有率40%
网络优化	网络社会素材		20年经验积累
制造服务	厂房大景展示，快速流水线		
3.一个连接未来与现实的梦想			
			一个连接未来与现实的梦想
	东方通信员工提供解决方案画面； 快速行走的人群； 快捷的移动电话。	超越自我，挑战极限。 相信中国通信，相信东方通信。	
	东方通信LOGO		

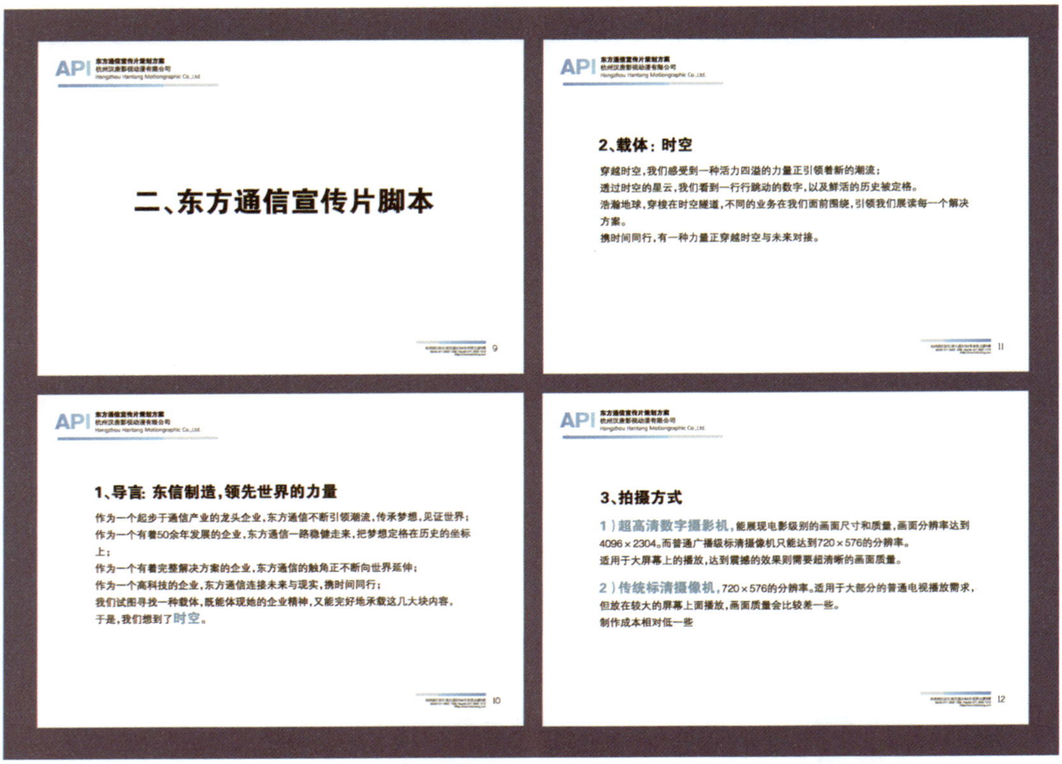

图1-2　脚本范例

图1-3　脚本故事板范例

图1-4　故事板范例

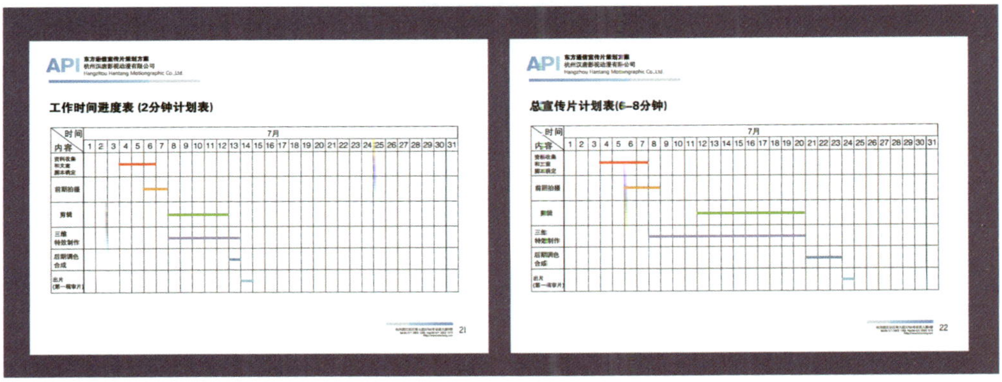

图1-5　制作进度表范例

2min宣传片策划方案

一、导言：超越自我，挑战极限

“超越自我，挑战极限”是东方通信的企业精神。

作为一个3G时代的龙头企业，东方通信正引领一种潮流；

作为一个有着50余年发展史的企业，东方通信正把梦想定格在历史的坐标上；

作为一个有着完整解决方案的企业，东方通信的触角正不断向世界延伸；

作为一个高科技的企业，东方通信连接未来与现实，携时间同行。

我们试图寻找一种载体，既能体现她的企业精神，又能完好地承载这几大块内容，于是，我们想到了时空。

二、载体：时空

穿越时空，我们感受到一种活力四溢的力量正引领着新的潮流。

透过时空的星云，我们看到一行行跳动的数字以及鲜活的历史被定格。

浩瀚地球，穿梭在时空隧道，不同的业务在我们面前围绕，引导我们展读每一个解决方案。

携时间同行，有一种力量正穿越时空与未来对接。

2 After Effects CS5软件工作流程

After Effects是一款非常优秀的影视后期特效合成软件，应用范围广泛，After Effects CS5版本通过对其自身的整合以及多项新的功能的推出又将视频特效合成提升到了一个新的高度。借助After Effects CS5 软件，可以使用各种工具创建引人注目的动态图形和出众的视觉效果，这些工具可节省时间并实现无与伦比的创造。

After Effects CS5工作范围非常广泛，常见的工作范围包括影视广告、宣传片、影视剧、多媒体、栏目包装、专题片等视觉动态作品的制作，甚至包括了图片、Web等格式范围。虽然播出的平台以及用途不同，但其工作的基本流程相似，大致为创建项目、导入素材、剪辑、后期特效处理、修改图层属性以及影片镜头输出，而一般整个项目成片的剪辑与音效、字幕等工作会使用其他专业的剪辑软件来完成，与After Effects CS5可以完美结合的软件是同公司出品的Premiere Pro CS5软件。在本书后面的各个任务中我们将根据After Effects CS5的基本制作流程完成各项工作。

综合本文以上内容所述，影视后期工作流程概要如图1-6所示。

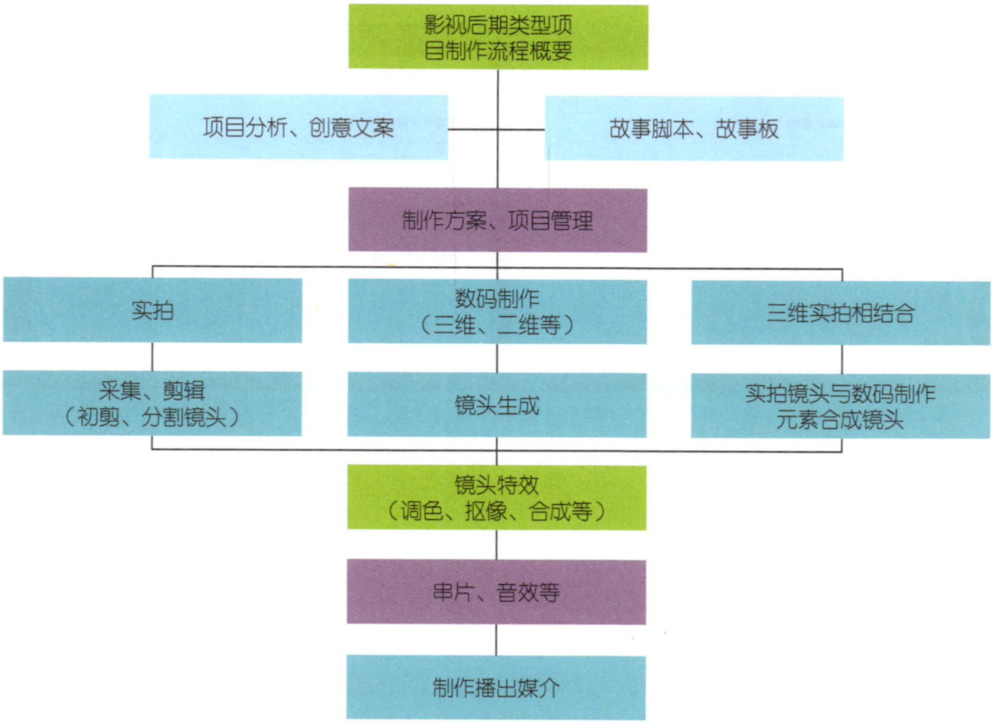

图1-6 影视后期工作流程概要

知识点三 After Effects CS5 软件初始化设置

After Effects CS5涉及的范围广泛，可以处理的视频格式多种多样，在初次运行软件和每次处理不同工作项目的时候，首先要做的工作就是初始化设置，将软件默认的一些参数修改至符合当前工作的需求，具体操作如下。

01 启动软件After Effects CS5，关闭引导页面进入工作界面，选择【Edit】>【emplates】>【Render Settings Templates】命令，弹出【Render Settings Templates】（输出渲染设置）对话框，如图1-7所示，【Defaults】选项组为输出质量，值得注意的是【Frame Default】的默认值“Current Settings”为输出单帧画面，为工作界面中当前的质量。

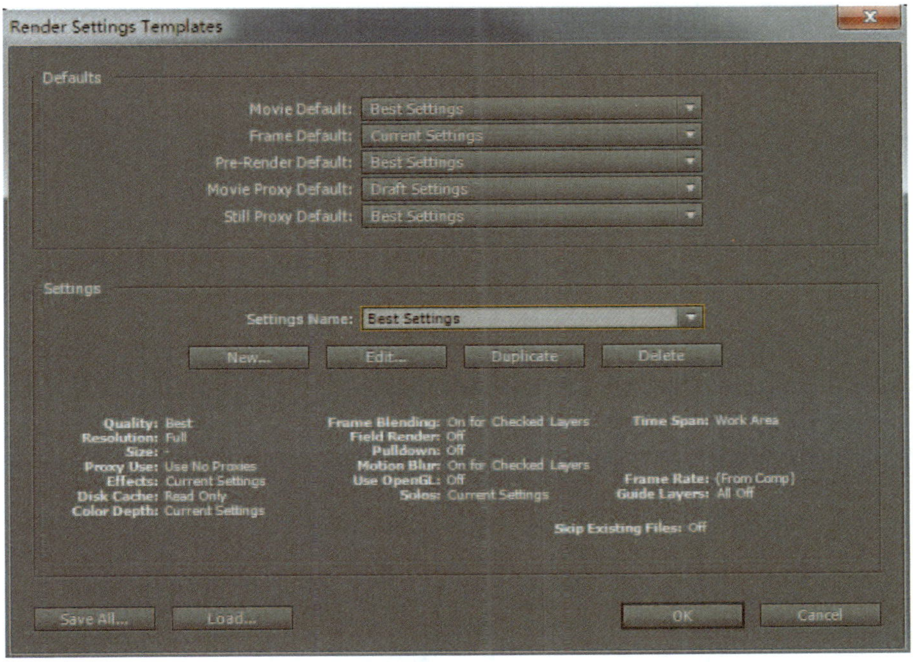

图1-7 【Render Settings Templates】对话框

02 单击【Settings】选项组中的【Edit】按钮，弹出【Render Settings】（输出渲染设置）对话框，如图1-8所示，设置有关“场”的信息，电视播出项目输出时必须带有“场”的信息，若无其他因素限制，选择“Upper”或者“Lower”都可以，但是要注意整条片子中每个镜头的“场”设置要一致。注意：在【Render Settings】选项组中包含【Use OpenGL Renderer】复选框，一般在镜头处理中对素材有缩放处理、或者影片要求质量比较高的时候不建议选中此复选框，另外如果硬件显卡不支持OpenGL，则无此复选框出现。

03 选择【Edit】>【Preferences】>【General】命令，弹出【Preferences】对话框，此对话框用于After Effects CS5的全局设置。此对话框中，有几个子菜单必须要注意，如图1-9所示，首先是关于【Import】项的设置，在【Sequence Footage】中将输出序列帧数30改为25以符合PAL制标准，单击【Next】按钮或者直接单击左侧菜单进入下一选项的设置。

After Effects

Premiere

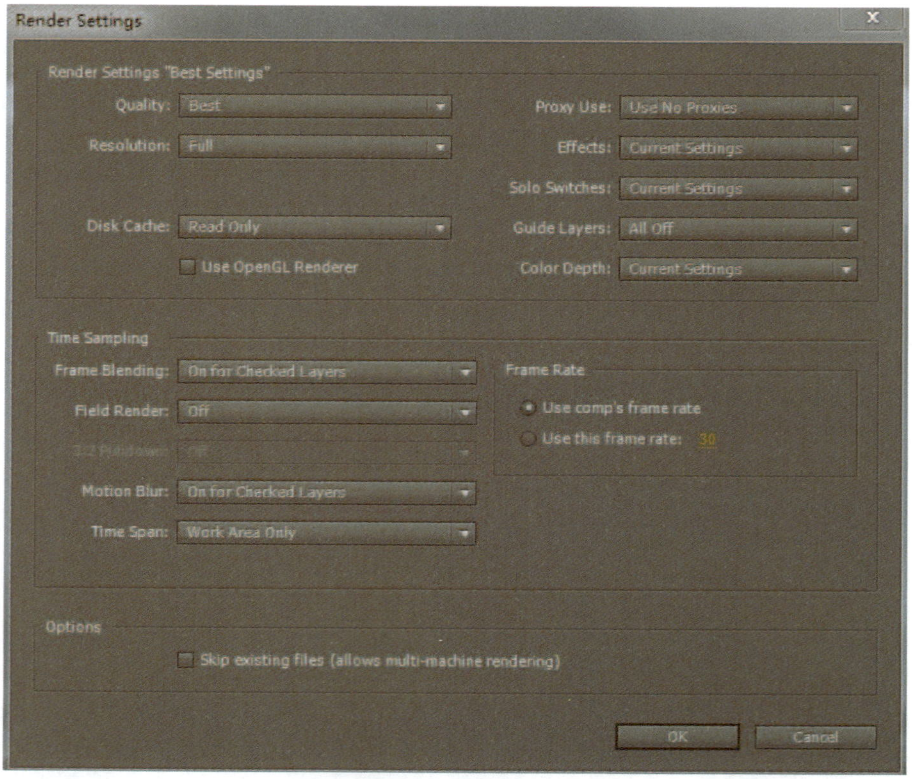

图1-8 【Render Settings】对话框

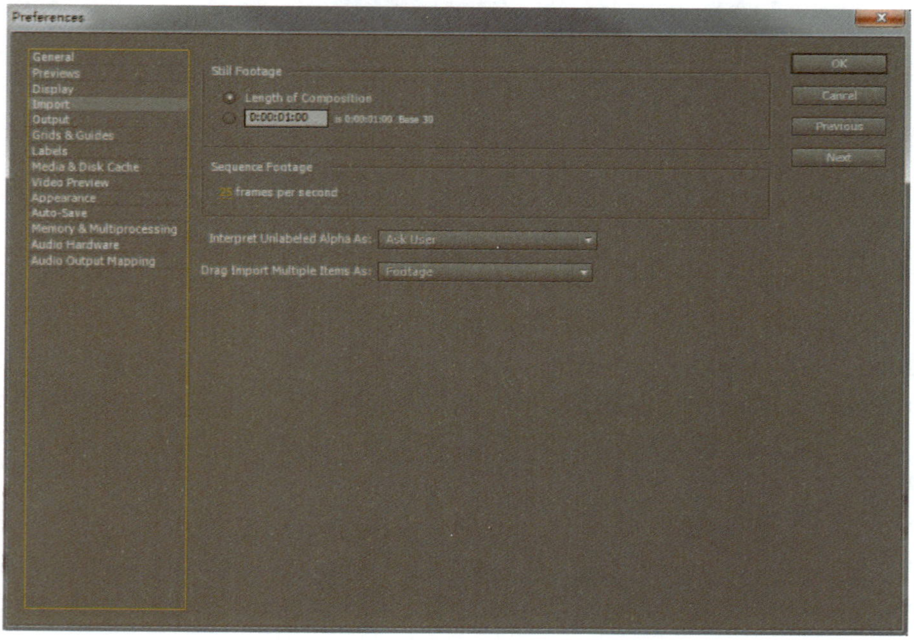

图1-9 【Preferences】对话框

04 在左侧菜单中，单击【Media & Disk Cache】选项，选中【Disk Cache】一栏中的【Enable Disk Cache】复选框，在弹出的对话框中选择硬盘的位置用以设置虚拟缓存，After Effects CS5的内存要求最小2GB，内存越大运算的效率越高，而虚拟缓存的设置可以提高运算的效率。虚拟缓存可以根据硬盘空间的情况选择，为方便统一管理可以建立一个新的文件夹，文件夹的命名尽量避免使用中文，如图1-10所示。

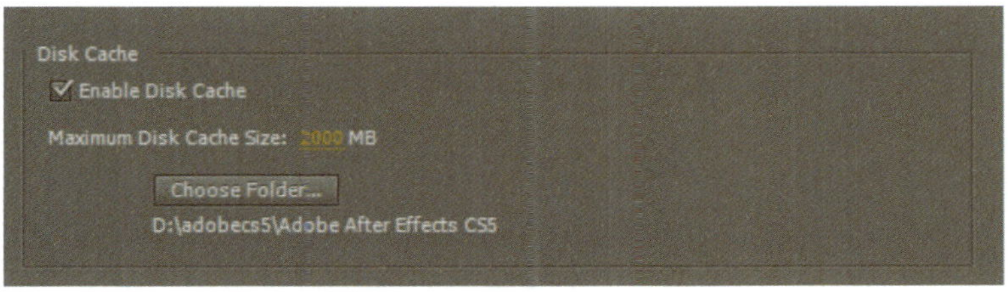

图1-10　虚拟缓存设置

05 在左侧菜单中，单击【Memory&Multiprocessing】选项，在【Memory】一栏中可以设定内存使用分配，原则上内存的分配留给除运行After Effects CS5软件以外的内存不少于1.5GB，如图1-11所示。内存越高则软件的运算速度越快。

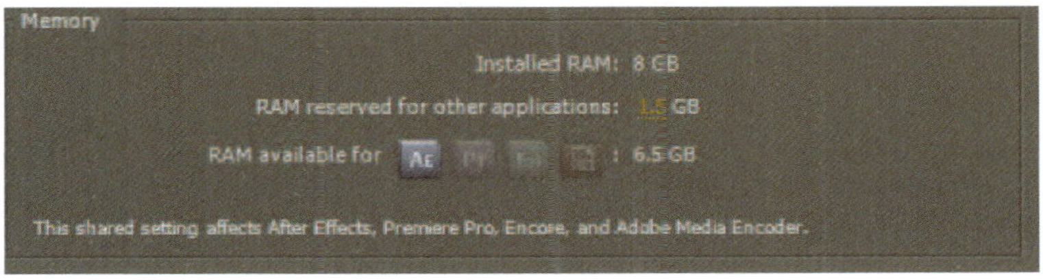

图1-11　内存分配设置

06 以上内容就是After Effects CS5的基本初始化设定。另外，每建立一个新的项目，还需要有项目工程文件的设置，本书后面的各个任务中会逐渐接触到。

课后作业

1. 填空题

(1) 我国的电视制式是 ________ 制，每秒有 ______ 帧，画面大小为 ________ ，其画面比例为 ________ ，像素比为 ________ ，After Effects CS5较早版本的像素比为 ________。

(2) 电视色彩由三原色，即红、绿、蓝组成，满足电视制作要求的色深位数是 ________，也就是一种颜色的饱和度要分为2的8次方级，即256级。

2. 单项选择题

(1) 我国广电总局所规定的高清数字信号广播电视播放标准为 ________。

A. 720/30p（1280×720p，每秒30帧逐行扫描）

B. 1080/50i（1920×1080i，每秒50场隔行扫描）

C. 1080/25p（1920×1080p，每秒25帧逐行扫描）

D. 1080/25i（1920×1080i，每秒25场隔行扫描）

(2) 在After Effects CS5软件初始化设置中，原则上对内存的分配留给除运行软件以外的内存不少于 ________。

A. 0.5GB　　B. 1.5GB　　C. 2GB　　D. 无规定

3. 简答题

简述商业影视制作的工作流程。

02 模块

中国国际动漫节宣传片——皮影戏

能力目标

掌握如何使用平面素材在After Effects CS5中制作宣传片所需动画镜头

专业知识目标

1．掌握通过关键帧设定动画的方法

2．了解层编辑、新建层以及Comp的概念

软件知识目标

1．PAL制项目工程文件设置

2．PSD文件素材导入

3．层级关系——父子层关系，运动模糊

课时安排

6课时（讲课3课时，实践3课时）

任务参考效果图

After Effects

Premiere

模拟制作任务（3课时）

任务一 制作皮影戏镜头

任务背景

第三届中国国际动漫节的主题为皮影戏，活动前期，项目策划组确定了一个皮影戏风格的宣传片来呼应这个活动。凭借皮影戏的特殊风格，使该片脱颖而出，成为历届动漫节中优秀的宣传片之一。本任务将通过该宣传片中的关键技术镜头来了解皮影戏的制作重点。

任务要求

设计制作皮影戏镜头元素之一，设定出吹唢呐的动画效果，要求符合皮影的运动规律，效果逼真。

播出平台：多媒体、中央电视台及各地方电视台。

制式：PAL制。

任务分析

要做出逼真的皮影戏动作，我们需要对皮影的制作原理有一定的了解。一般皮偶都是以侧面和侧身示人，这是因为皮偶必须贴近布幕，并且只能做出前进、后退、跳高、跳下等动作。皮偶的动作通过每个关节点的相连来实现。前期需要借助平面软件对角色进行处理，对皮影角色的关节进行分层，将有动作的部分都拆分开。这样处理后的角色就可以在后期软件中进行动作设置了。了解皮影的运动规律后，改变素材各关节的中心点，通过“父子关系”以及位置的变化来实现模拟皮影戏的动画效果。

本案例的重点、难点

设定各层级之间的父子关系，改变各层素材中心点，设置位置、旋转关键帧动画。

【技术要领】导入素材；设置关键帧动画；新建固态层；合并为【Comp】；添加特效。

【解决问题】熟悉关键帧动画设置，了解父子层之间的关系，学会使用添加特效功能。

【应用领域】影视后期。

【素材来源】光盘\模块02\素材\小鬼F.psd。

【效果展示】光盘\模块02\效果展示\小鬼F.avi。

操作步骤详解

以项目工程文件模式导入PSD素材并设置

01 启动After Effects CS5，关闭引导页对话框。选择【File】>【Import】>【File】命令，弹出【Import File】（导入素材）对话框，选择“模块02\素材\小鬼F.psd”素材文件（光盘中提供）01 ①，设置【Import As】为“Composition”，如图2-1所示。然后单击【打开】按钮，在弹出的对话框中单击【OK】按钮，如图2-2所示，完成PSD素材的导入。

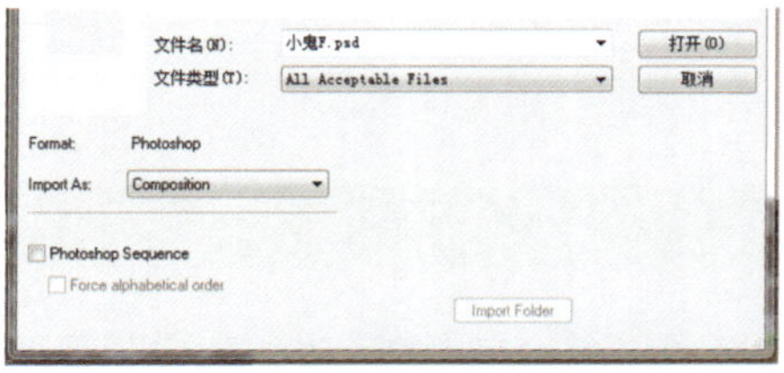

图2-1　选择项目工程形式导入素材

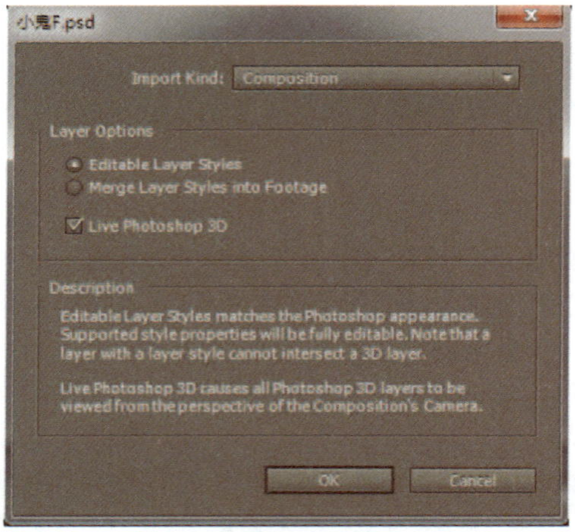

图2-2　确定导入的模式

02 在【Project】对话框中右击【小鬼F】（项目工程文件），如图2-3所示，在弹出的快捷菜单中选择【Composition Settings】（工程文件设置）命令，弹出【Composition Settings】对话框。设定【Preset】（预设置）为“PAL D1/DV”，设定【Resolution】（分辨率）为“Full”，设定【Duration】（时长）为“0:00:02:05”，如图2-4所示，为使预览效果更为明显并方便操作，我们需将黑色的背景色调整为更合适观看的颜色，设定【Background Color】（背景色）如图2-5所示，单击色块弹出取色器对话框，如图2-6所示。通过取色器选择背景色为淡粉色，单击【OK】按钮返回【Composition Settings】对话框。单击 【OK】按钮，完成项目工程文件的设置。选择 【File】>【Save】命令保存项目文件至硬盘02。设置后效果对比如图2-7所示。

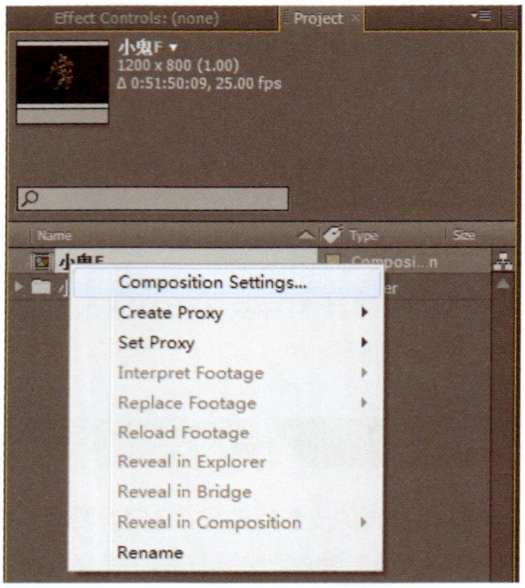

图2-3　项目工程文件快捷菜单

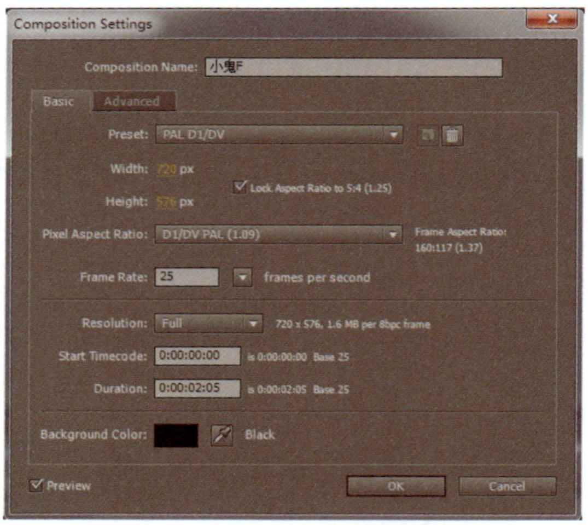

图2-4　【Composition Settings】（工程文件设置）对话框

图2-5　背景色设定

① 此序号与“知识点拓展”中的序号01相对应。

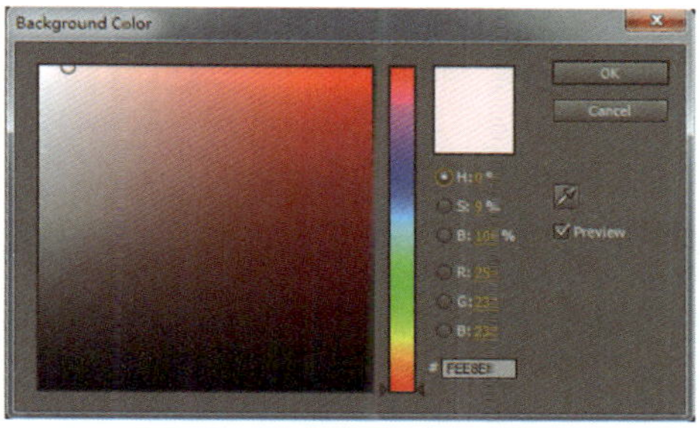

图2-6　背景色选取

（a）　　　　　　　　（b）

图2-7　背景色设置对比效果

设置层父子关系

03 双击【Project】对话框中的项目文件“小鬼F”，在预览区和时间线编辑区（又称Timeline或层编辑区）打开该文件，首先调整层文件顺序，在时间线编辑对话框中，按住鼠标左键选择素材上下拖动即可改变其位置，调整前后的层顺序如图2-8所示。调整的原则为层位置对应图片视觉效果顺序，如头部、身子、手臂、腿。

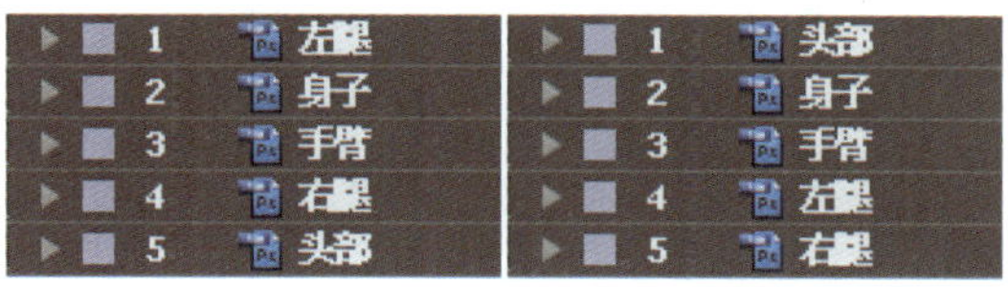

图2-8　调整前和调整后的层顺序

04 在时间线编辑对话框中，按住鼠标左键选择层1文件“头部”层【Parent】栏下的◎按钮[03]，并将其拖至层2文件“身子”层上释放鼠标，指定“头部”的父层为“身子”。在按住鼠标左键不放并拖动鼠标的同时会出现一条黑色的指示线，目标层上会出现一个方框提示避免关联错误，如图2-9所示。对父层“身子”的任何编辑都会影响到子层“头部”。对父层的属性编辑会影响到子层，而对子层的属性编辑不会影响到父层，父层只能有一个，但是子层可以有多个。

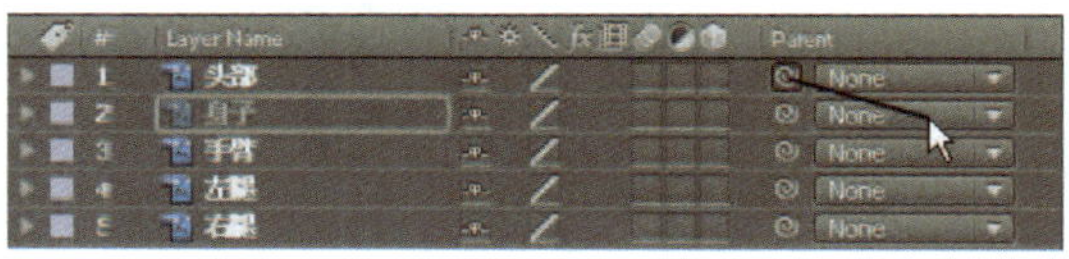

图2-9　指定父层示意图

05 分别指定层3“手臂”、层4“左腿”、层5“右腿”的父层为层2“身子”，如图2-10所示，这样就完成了父子层关系的设置。在接下来的操作中，对父层“身子”的任何编辑或修改都会影响到其他各个子层。

图2-10　指定各层关系

06 单击时间线编辑区层2“身子”前部的三角按钮，再单击【Transform】前的三角按钮，如图2-11所示，展开层属性编辑参数[04]，通过关键帧的设定制作出身体的动画。

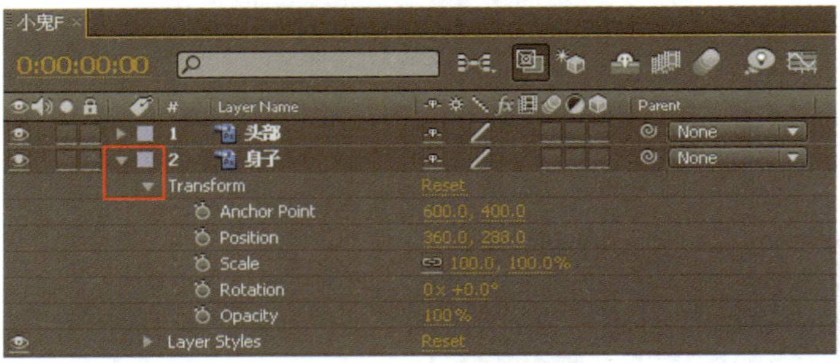

图2-11　展开层属性编辑

07 单击【Scale】（图层缩放）选项的黄色时间显示区域，激活其为修改状态，将数值调整为“65.0，65.0%”，通过调整父层的缩放参数，将其他层的大小统一修改，如图2-12所示，调整大小后，效果如图2-13所示。

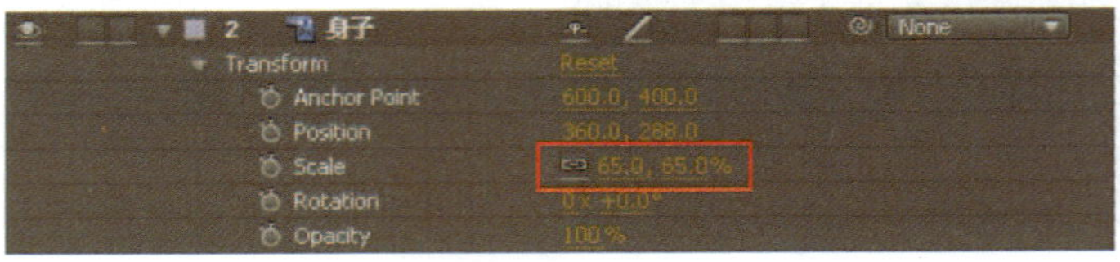

图2-12　调整缩放参数

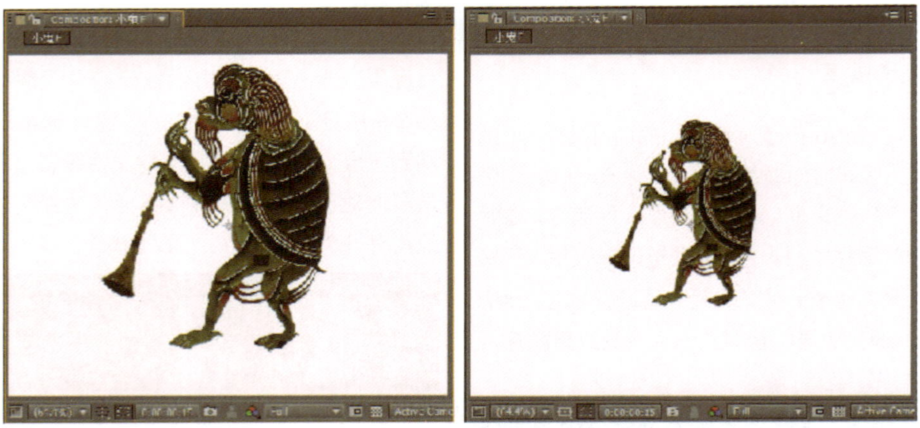

图2-13　大小调整前后效果对比

08 单击时间线上黄色时间显示区域[05]，将其参数设置为“0:00:00:03”，按【Enter】(回车键）完成设置，此时时间线光标会移至第3帧的位置，如图2-14所示。

图2-14　移动时间线光标

After Effects

Premiere

09 分别单击【Position】（位置）和【Rotation】（旋转）项之前的 按钮，激活关键帧记录器，激活后的按钮变为 ，在时间线中会相应出现关键帧（菱形）标志[06]，表示数值已被记录，如图2-15所示。

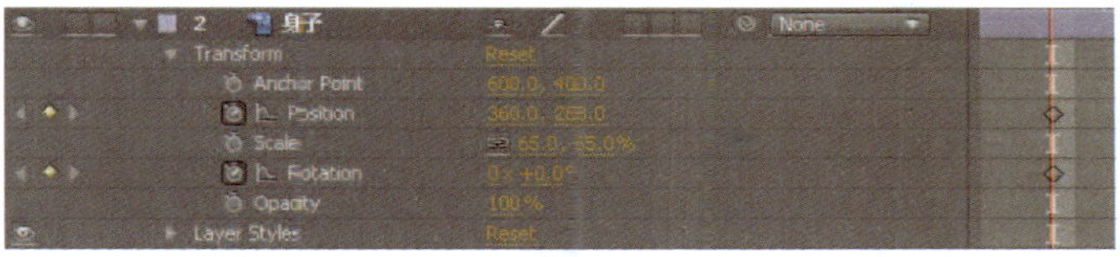

图2-15　激活关键帧记录

10 将时间线光标移至第6帧的位置，调整【Position】参数，将“360.0，288.0”调整为“356.0，288.0”，调整【Rotation】参数为“0×-3.0°”，当数值有所变化时，关键帧将被自动记录，相应位置会出现新的关键帧标记，如图2-16所示。

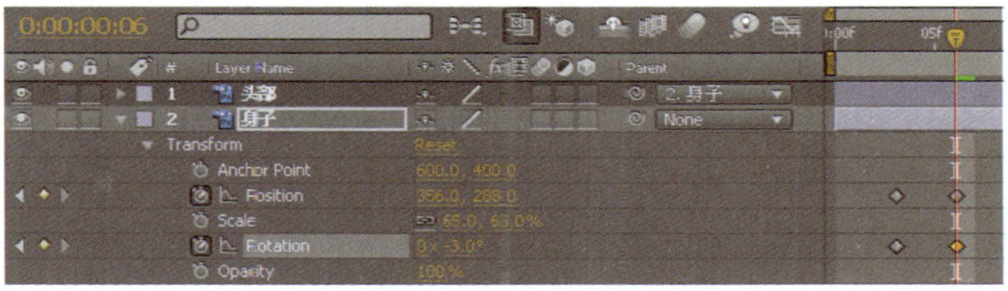

图2-16　调整参数并自动记录关键帧

11 将时间线光标移至第10帧的位置，分别单击【Position】（位置）和【Rotation】（旋转）项之前的添加关键帧菱形按钮，在未调整参数的情况下添加当前参数的新关键帧，时间线相应位置也会出现关键帧标记，如图2-17所示。

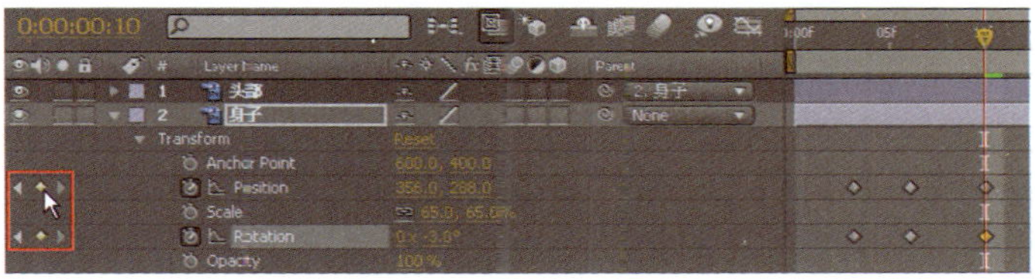

图2-17　手动添加关键帧

12 将时间线光标分别调整至14帧、18帧、1:04帧、1:08帧、1:19帧、1:24帧的位置，调整其参数，【Position】为“360.0，288.0”、【Rotation】为“0×+0.0°”；将时间线光标分别调整至21帧、1:00帧、1:11帧、1:15帧的位置，调整其参数，【Position】为“356.0，288.0”、【Rotation】为“0×-3.0°”，效果如图2-18所示。

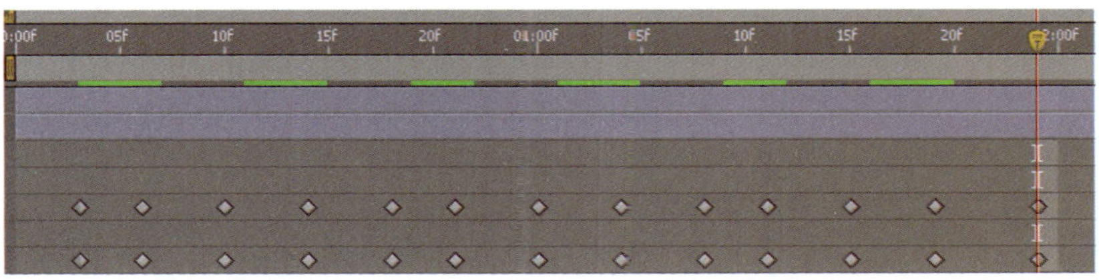

图2-18　分别设置关键帧

13 将时间线光标移至2:04帧的位置，调整其参数，【Position】为“360.0，390.0”，【Rotation】为“0×-100.0°”，模拟制作出角色倒下的动画效果，调整后效果如图2-19所示。单击层文件之前的三角按钮，收起层属性编辑菜单。单击数字小键盘【0】键[07]，预览躯干动画效果。

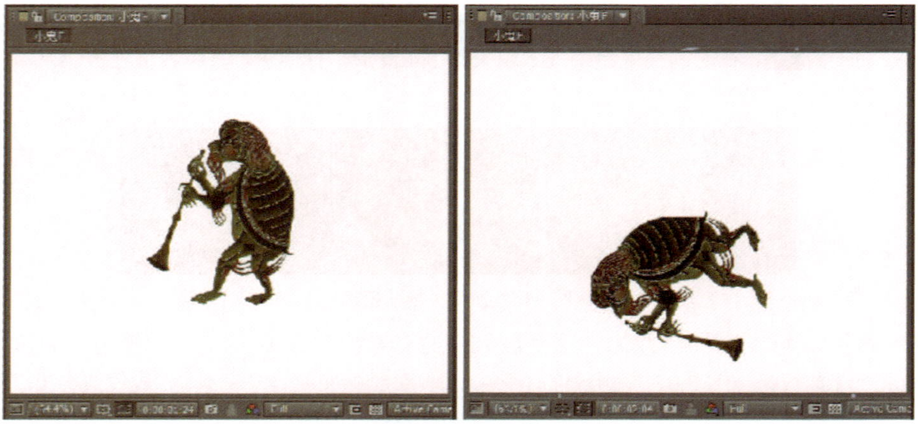

图2-19 模拟角色倒下效果调整前后对比

关键帧动画设定

14 调整时间线光标位置至0帧，单击时间线编辑区层1“头部”之前的三角按钮，再单击【Transform】前的三角按钮以展开属性编辑参数。调整【Anchor Point】（中心点）参数，将“600.0，400.0”调整为“665.0，244.0”，将层文件的中心点移至头部后方； 调整【Position】参数，将“600.0，400.0”调整为“700.0，245.0”，将层移回原位，如图2-20所示。

图2-20 调整头部图层中心点位置

15 调整【Rotation】参数为“0×+8.0°”调整头部的形态为略微仰头。调整时间线光标位置至第4帧的位置，激活【Position】的关键帧记录器，分别在16帧、20帧、1:07帧、1:11帧、1:24帧的位置手动添加关键帧。将时间线光标移至第7帧位置，调整其参数，【Position】为“669.0，234.0”、【Rotation】为“0×-4.0°”，按住鼠标左键不放在时间线上相应位置拖出选择框，框选第7帧位置的两个关键帧后释放鼠标左键，按【Ctrl+C】组合键复制关键帧属性，如图2-21所示。分别将时间线光标移至12帧、23帧、1:03帧、1:14帧、1:19帧的位置，按【Ctrl+V】组合键粘贴关键帧，如图2-22所示。单击层文件前的三角按钮，收起层属性编辑菜单，按【Ctrl+S】快捷键保存项目文件。

图2-21 复制关键帧

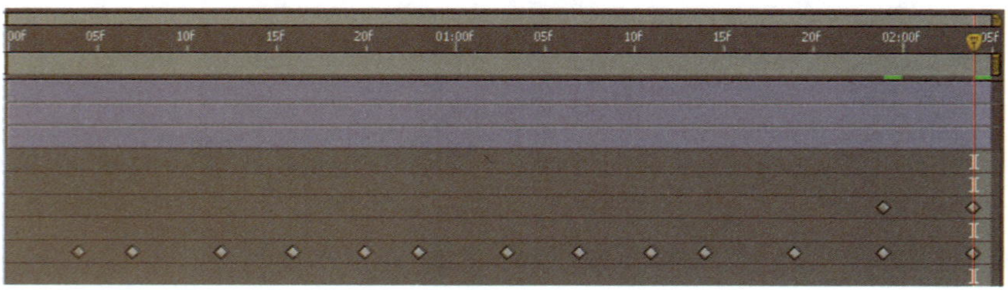

图2-22 粘贴关键帧

16 将时间线光标位置移至0帧，单击时间线编辑区层3“手臂”前部的三角按钮，再单击【Transform】前的三角按钮以展开属性编辑参数，调整【Anchor Point】参数为“613.0，314.0”，将层文件的中心点移至肩膀中部，调整【Position】参数为“601.0，317.0”，调整【Rotation】参数为“0×+43.0°”，如图2-23所示，调整出吹唢呐的视觉效果，效果如图2-24所示。

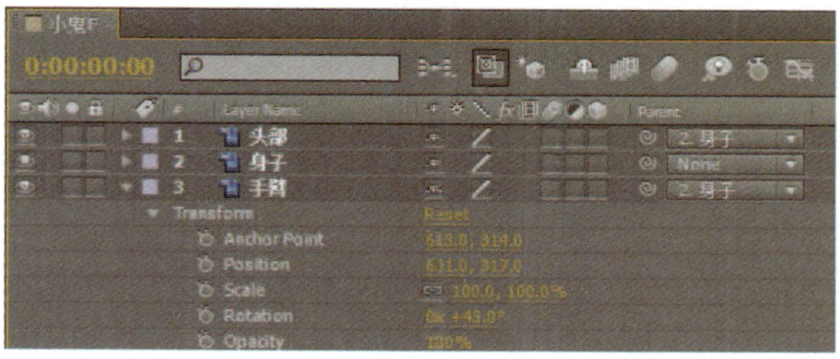

图2-23 调整手臂图层中心点位置

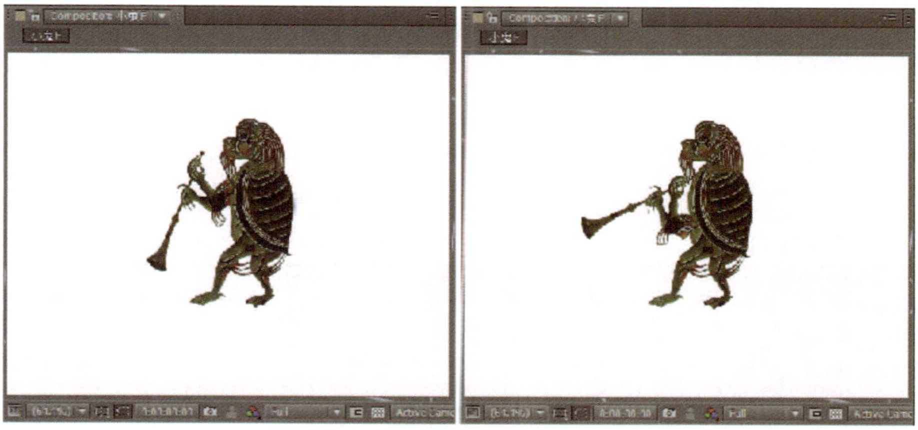

图2-24 吹唢呐效果调整前后对比

17 为保持头部与手臂的动作协调，这两个层的关键帧设定位置是相对一致的。调整时间线光标位置至第4帧，激活【Rotation】的关键帧记录器，分别在第16帧、20帧、1:07帧、1:11帧、1:24帧位置手动添加关键帧。将时间线光标调整至第7帧位置处，调整【Rotation】的参数为“0×+16.0°”，按【Ctrl+C】组合键复制该关键帧，分别将时间线光标移至第12帧、23帧、1:03帧、1:14帧、1:19帧，并按【Ctrl+V】组合键复制出新的关键帧。将时间线光标移至1:24帧处，激活【Position】的关键帧记录器，将时间线光标移至2:04帧的位置，调整【Rotation】的参数为“0×-20.0°”、【Position】的参数为“730.0，310.0”，2:04帧的参数以及所有关键帧设置如图2-25所示。

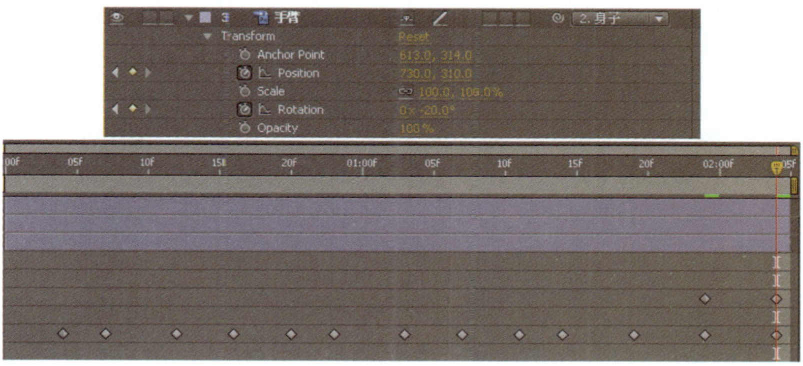

图2-25 设置手臂关键帧动画

18 调整时间线光标位置至第0帧，单击时间线编辑区层4“左腿”之前的三角按钮，再单击【Transform】之前的三角按钮以展开属性编辑参数。调整【Anchor Point】参数为“595.0，500.0”，将层文件的中心点移至左腿膝盖处；调整【Position】的参数为“595.0，500.0”；调整【Rotation】的参数为“0×-38.0°”，如图2-26所示，调整出预备抬腿的视觉效果。

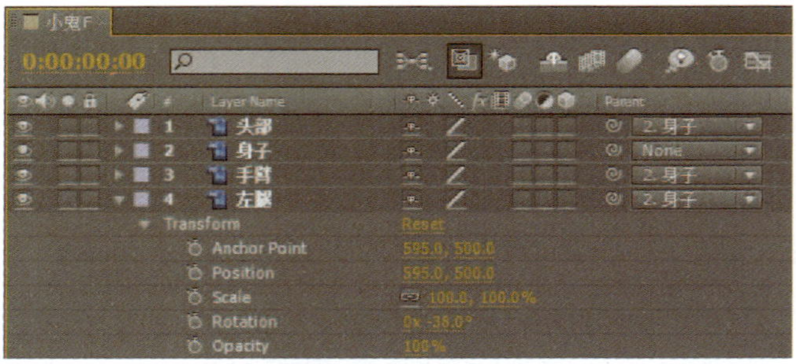

图2-26　调整左腿图层中心点位置

19 调整时间线光标位置至第3帧处，激活【Rotation】的关键帧记录器，分别在第14帧、18帧、1:04帧、1:08帧、1:19帧、1:24帧处手动添加关键帧。将时间线光标移至第6帧，调整【Rotation】的参数为“0×+27.0°”，复制该关键帧，分别将时间线光标移动至第10帧、21帧、1:00帧、1:11帧、1:15帧的位置粘贴出新的关键帧。将时间线光标调整至2:04帧的位置，调整【Rotation】的参数为“0×-142.0°”，关键帧设置如图2-27所示。

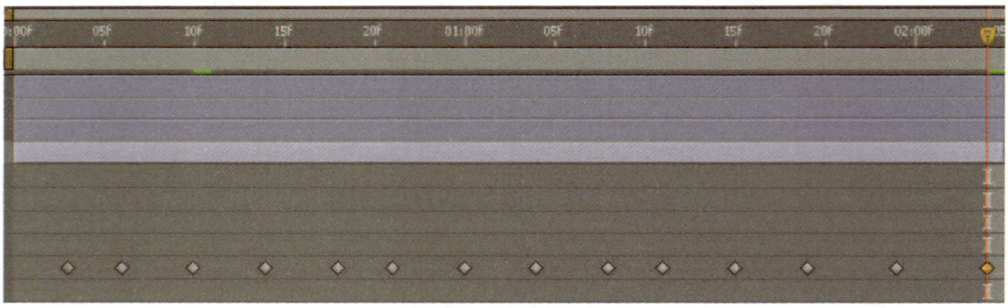

图2-27　设置左腿关键帧动画

20 调整时间线光标位置至第0帧，单击时间线编辑区层5“右腿”前部的三角按钮，再单击【Transform】前的三角按钮展开属性编辑参数。调整【Anchor Point】参数为“694.0，524.0”，将层文件的中心点移至右腿膝盖处；调整【Position】参数为“694.0，524.0”；调整【Rotation】的参数为“0×+23.0°”，如图2-28所示，调整出迈步的视觉效果，如图2-29所示。

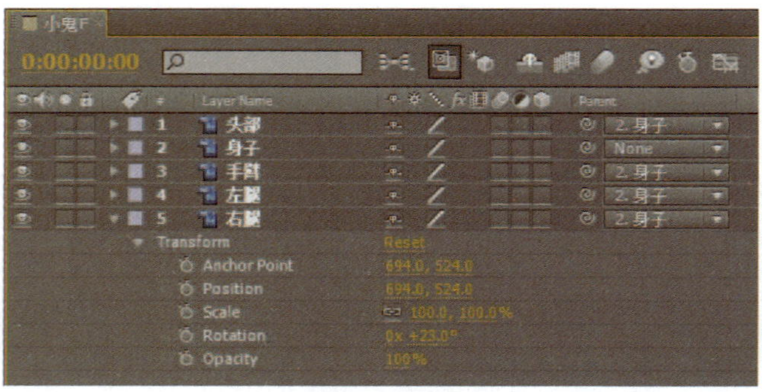

图2-28　调整右腿图层中心点位置

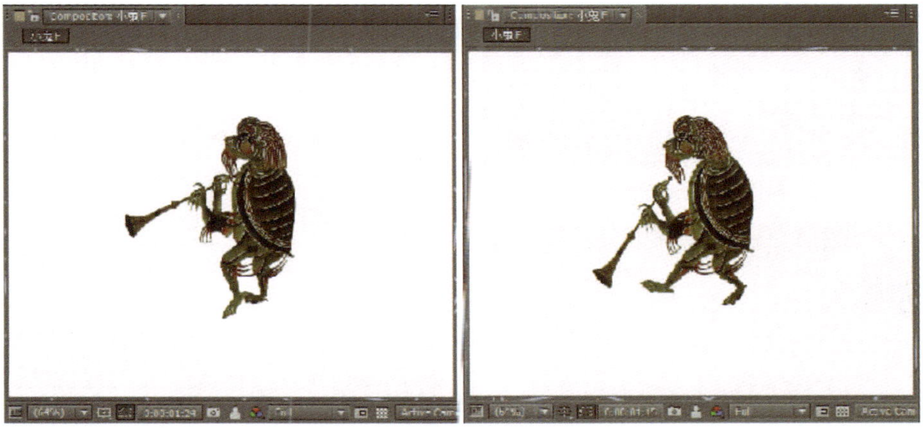

图2-29 迈步效果调整前后对比

21 调整时间线光标位置至第3帧处，激活【Rotation】的关键帧记录器，分别在第14帧、18帧、1:04帧、1:08帧、1:19帧、1:24帧处手动添加关键帧。将时间线光标调整至第6帧处，调整【Rotation】的参数为“0×-24.0°”，复制该关键帧，分别将时间线光标移动至第10帧、21帧、1:00帧、1:11帧、1:15帧位置处粘贴关键帧。将时间线光标调整至2:04帧处，调整【Rotation】的参数为“0×-163.0°”，关键帧设置如图2-30所示。

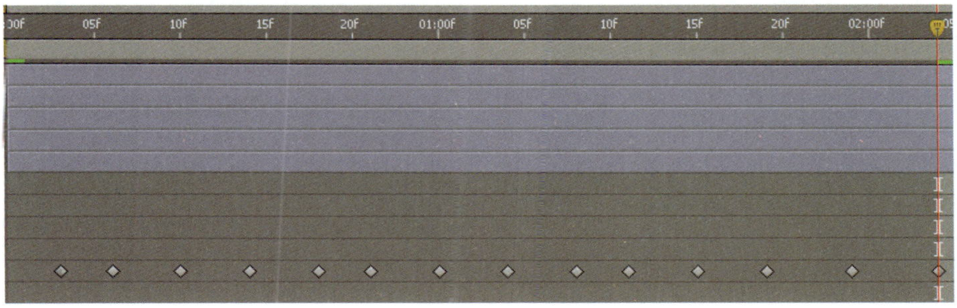

图2-30　设置右腿关键帧动画

制作皮影戏幕布模糊效果

22 选中预览区或时间线编辑区，新建一个固态层，操作如图2-31所示，选择【Layer】>【New】>【Solid】命令，弹出【Solid Settings】（固态层设置）对话框，设定名称为“渐变层”，如图2-32所示，单击【OK】按钮。这时在时间线编辑区出现了一个新的固态图层，而原有图层顺序也会有所变化，如图2-33所示。在【Project】窗口中同时会出现新的素材管理文件夹【Solids】，单击该文件夹前的三角符号将其展开，可以找到新建的固态图层，如图2-34所示。

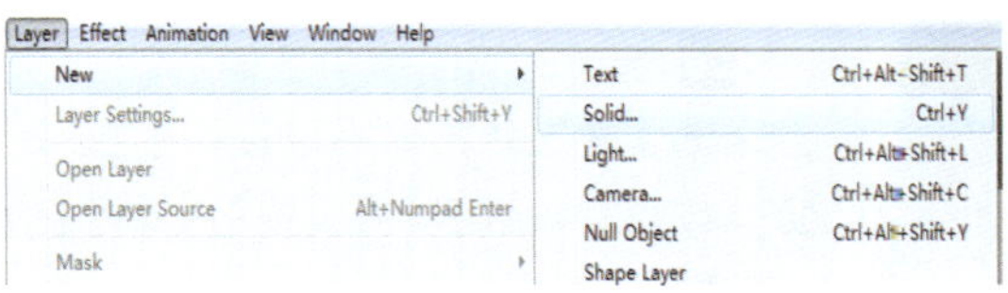

图2-31　新建固态层

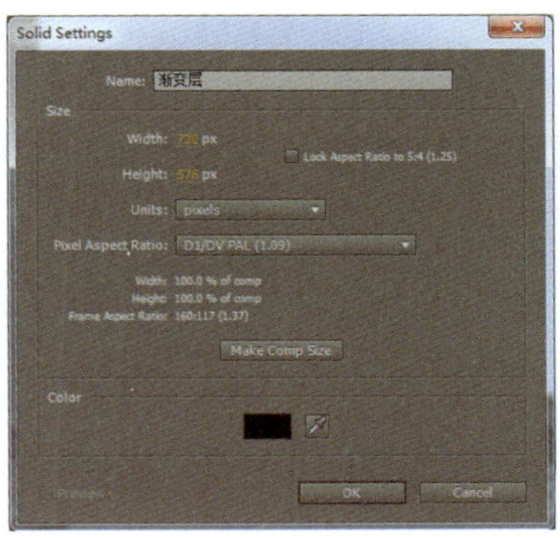

图2-32　固态层设置对话框

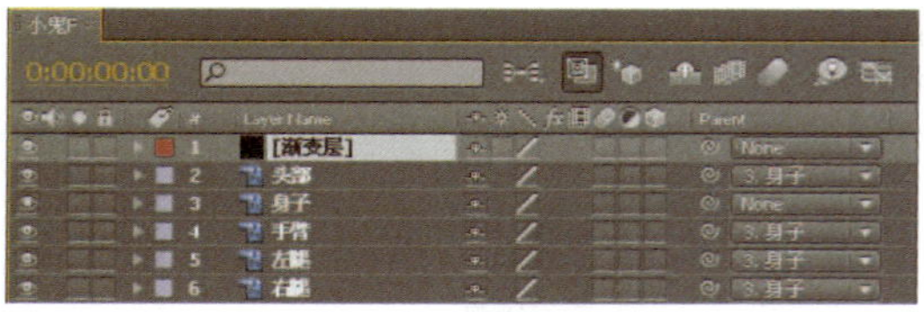

图2-33　时间线中的新图层

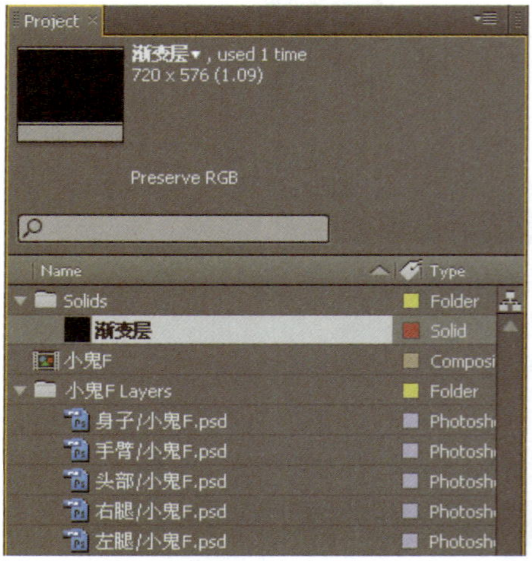

图2-34　项目文件窗口中的新素材

23 在时间线编辑区选中图层1“渐变层”，为图层1添加“黑白渐变”特效，选择【Effect】>【Generate】>【Ramp】命令，在原【Project】窗口处会出现新的对话框【Effect Controls：渐变层】（特效设置编辑区），将【Start of Ramp】的参数“360.0，0.0”调整为“360.0，315.0”，如图2-35所示。设置渐变的效果，调整参数前后的对比效果如图2-36所示。

图2-35　设置渐变特效参数

（a）　（b）

图2-36　渐变特效参数调整前后对比

24 保持图层1为选中状态，将其合并成为一个新的项目工程文件。选择【Layer】>【Pre-compose】命令，弹出【Pre-compose】[08]对话框，将【New composition name】修改为“渐变层合并”，选中【Move all attributes into the new composition】按钮，如图2-37所示，单击【OK】按钮完成合并，合并后的图层标识会发生变化，如图2-38所示。

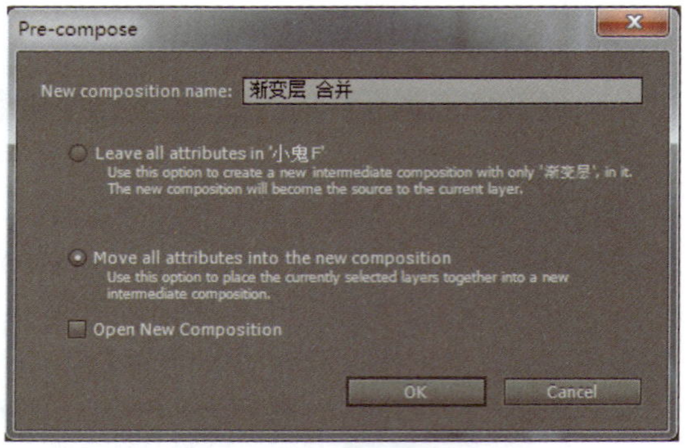

图2-37　将图层文件合并为新的项目

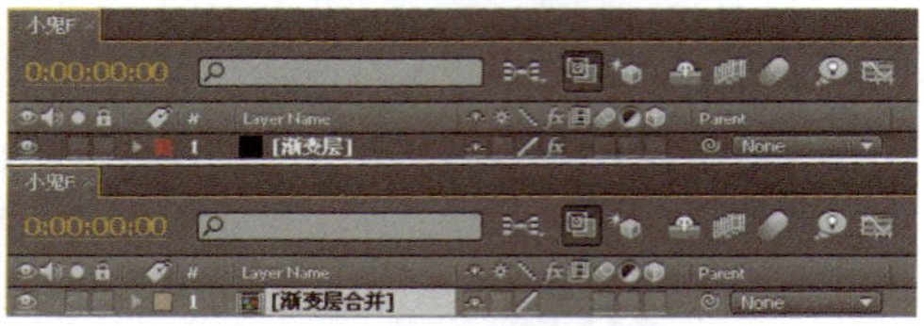

图2-38　合并层前后对比

25 在【Project】窗口中，选中文件夹【Solids】中的“渐变层”素材，按住鼠标左键不放将其拖动至时间线编辑区中，在图层1和图层2中间位置释放鼠标。鼠标指针指向图层位置时，会出现虚线框型提示和一条黑色提示线，如图2-39所示（注意：在层1和层2之间的黑线，说明新添加的层将被放至层1下面）。

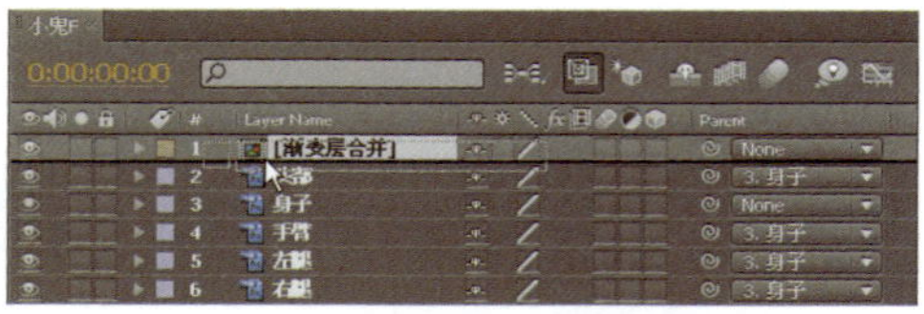

图2-39　添加图层至时间线编辑区指定位置

26 选中时间线编辑区的层2“渐变层”，按【Enter】键激活层命名修改，将层2命名为“蒙版”，如图2-40所示，再次按【Enter】键确认层名称已修改。

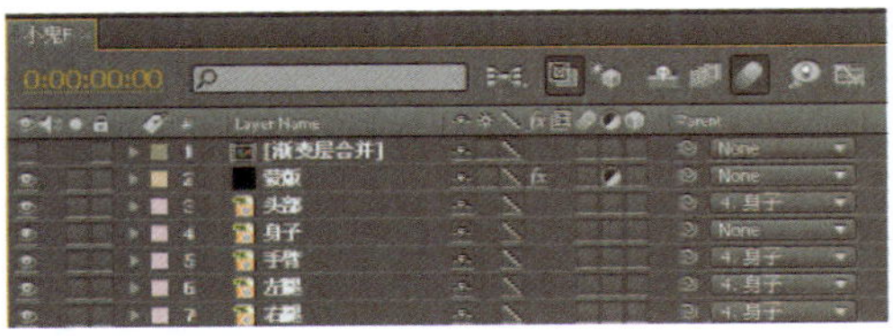

图2-40 修改层文件命名

27 单击层1“渐变层合并”前的按钮，关闭层1的显示，如图2-41所示。

图2-41 关闭显示

28 选中时间线编辑区中层2“蒙版”，为图层2添加“模糊”特效，选择【Effect】>【Blur & Sharpen】>【Compound Blur】命令，在特效编辑区中将【Maximum Blur】的参数调整为“10.0”，单击【Blur Layer】一栏的三角按钮，如图2-42所示，在弹出的菜单中选择“1.［渐变层合并］”选项，完成设置，如图2-43所示。

图2-42 设置模糊参数

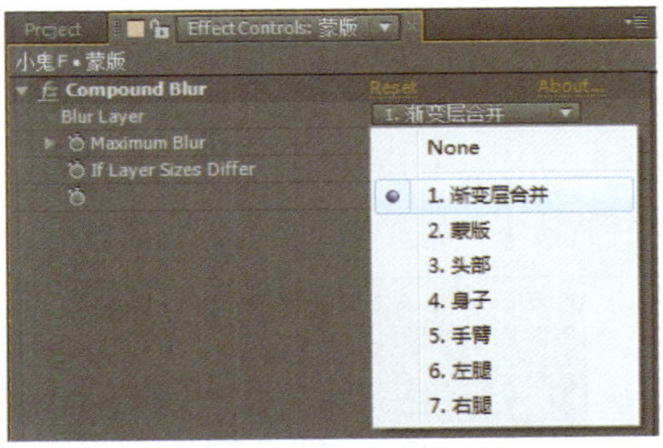

图2-43 选择要模糊的目标图层

29 选中预览区或时间线编辑区层2“蒙版”，单击（蒙版）一栏下的空白方格，激活该层为蒙版，如图2-44所示，激活蒙版后效果，如图2-45所示。

图2-44 激活蒙版

图2-45 激活蒙版后效果对比

通过以上各步骤，基本完成了“小鬼F”的动画设置，保存项目文件后单击数字键盘上的【0】键，预览动画效果。不同角色或动画效果的关键帧的选择与设定都有其特定的动画规律，在处理其他动画效果时，需要事先做好观察和演算工作。通过对现实动作的反复模拟找到其动画规律，才能调整出真实的效果，这是除软件操作以外至关重要的一点。

知识点拓展

01 “导入PSD素材”的形态

（1）合并图层后导入

选择【File】>【Import】>【File】命令[a]导入PSD格式的文件素材后，在设置对话框中默认的导入方式为【Footage】，如图2-46所示。可以将分层文件合并导入【Project】中，如图2-47所示。选择直接导入的素材大小与原图相同，像素比例为1:1。

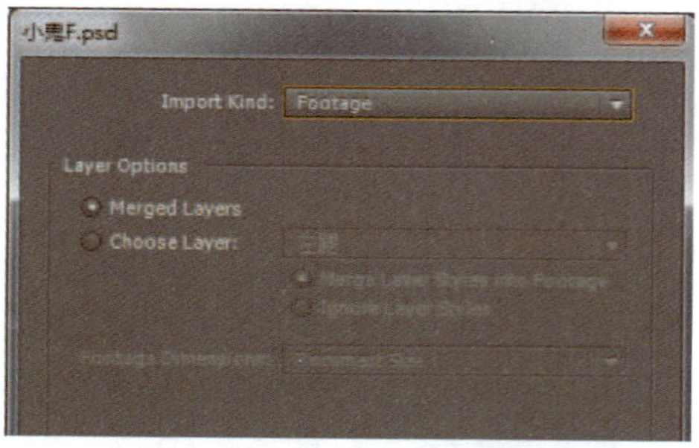

图2-46　PSD分层文件导入

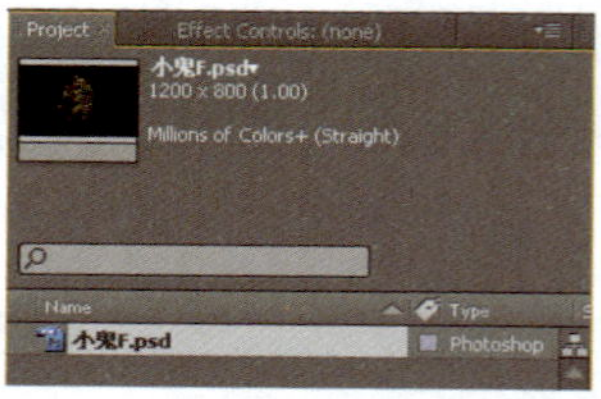

图2-47　PSD文件作为单个素材导入

（2）导入PSD文件为图层

选择导入PSD文件素材后，选择【Footage】模式，在【Layer Options】栏中选中【Choose Layer】单选按钮[b]，可以选择PSD素材中的单独某个图层，并可以选择导入至【Comp】中的这个图层尺寸为原PSD整体文件大小或是该图层自身的大小[c]，如图2-48所示。

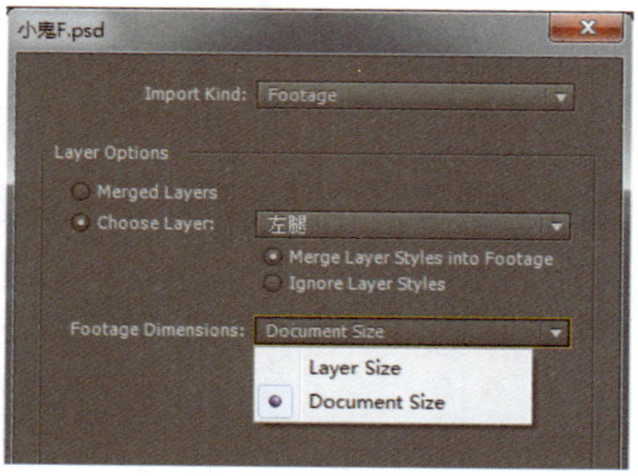

图2-48　导入PSD中的某个图层

经验

ⓐ除了使用菜单命令导入素材外，在已经打开的After Effects CS5软件中的【Project】编辑区，双击其空白区域，同样也可以打开导入素材对话框，快捷键为【Ctrl+I】。

技巧

ⓑ在【Choose Layer】选项中，【Merge Layer Styles into Footage】将原PSD素材中，层上所添加的【Style】（样式）做固态化处理与层合并导入After Effects CS5中。【Ignore Layer Styles】则忽略原PSD素材中层上所添加的【Style】效果。

注意

ⓒ选择【Layer Size】选项导入的图层大小为其自身大小，选择【Document Size】选项导入的图层大小为原PSD整体文件大小。

(3) 作为项目工程文件导入素材

选择导入PSD文件素材后，在设置对话框中选择导入方式为【Composition】，在【Layer Options】选项组中可以设置层的有关属性ⓓ，如图2-49所示。

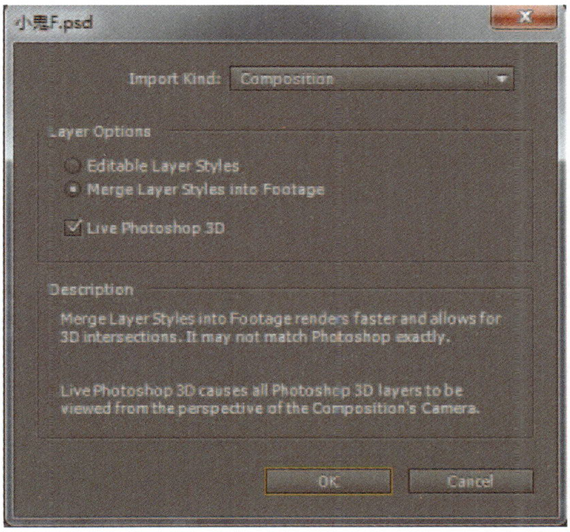

图2-49　以项目工程文件形式导入PSD素材

如果选择导入方式为【Compositicn-Retain Layer Sizes】ⓔ，在【Layer Options】选项组中同样可以设置层的有关属性，如图2-50所示。

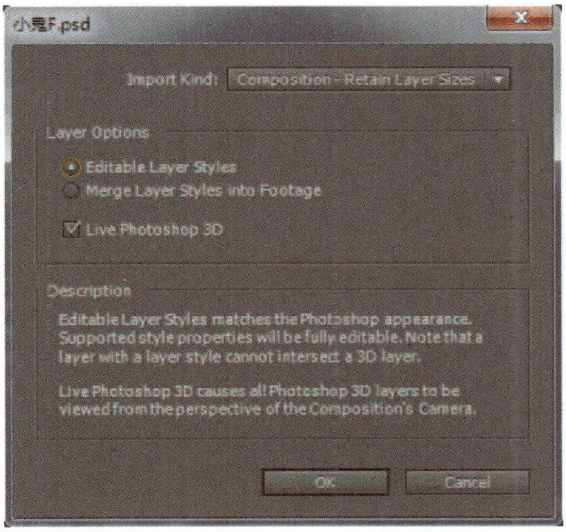

图2-50　以项目工程文件形式导入PSD素材

【Composition】与【Composition-Retain Layer Sizes】同样是以【Comp】模式导入素材，区别在于【Composition】导入的PSD素材，在After Effects CS5中每个图层的大小都与【Comp】窗口大小相同；选择【Composition-Retain Layer Sizes】模式导入后，在After Effects CS5中每个图层的大小都将保留原始大小。

技巧

ⓓ选中【Editable Layer Styles】单选按钮，将原PSD素材中，层上所添加的【Style】信息在After Effects CS5中转化为特效，并可以在After Effects CS5中进行调整，在时间线编辑区打开层属性可以找到相关参数。【Merge Layer Styles into Footage】项可以将原PSD素材中，层上所添加的【Style】（样式）作固态化处理与层合并。如果PSD素材中带有【3D】相关信息，选中【Live Photoshop 3D】复选框，在导入After Effects CS5后，3D摄像机信息作为层同时导入【Comp】中。

经验

ⓔ选择【Composition】导入的素材分层的中心点为PSD文件的中心点，而【Composition-Retain Layer Sizes】导入的素材分层文件的中心点是自身的中心点。

02保存项目工程文件

文件存储命令主要包括【File】>【Save】、【File】>【Save As】、【File】>【Save a Copy】、【File】>【Save a Copy As XML】等。一般常用的是前两种，对于新建的项目工程文件，编辑后选择【File】>【Save】和【File】>【Save As】[f]两种命令的性质相同；对于打开的项目工程文件这两种命令则不同，【Save】命令是覆盖编辑前的项目工程文件，而【Save As】是将编辑过的项目工程文件重新命名后进行保存，养成良好的保存习惯非常重要，在项目工程文件编辑过程中要注意随时保存文件[g]。

03设置父子层

（1）通过菜单命令设定父层

除使用按钮指定父层这种方法，还可以在时间线编辑区中选择【Parent】一栏下拉菜单中的选项作为父层，如图2-51所示。选中图层[h]后，单击该层的【Parent】一栏下的三角按钮弹出快捷菜单，如图2-52所示。

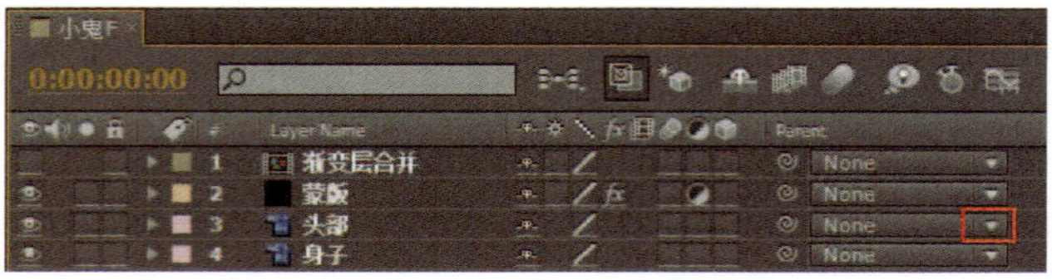

图2-51　指定父层的位置

图2-52　通过菜单命令指定父层

（2）同时设定多个子层

按住【Ctrl】键，分别单击时间线编辑区中的不同图层，选择需要被设定为子层的图层，单击任意被选中图层【Parent】的下拉菜单项都可以同时指定被选层的父层，如图2-53所示。

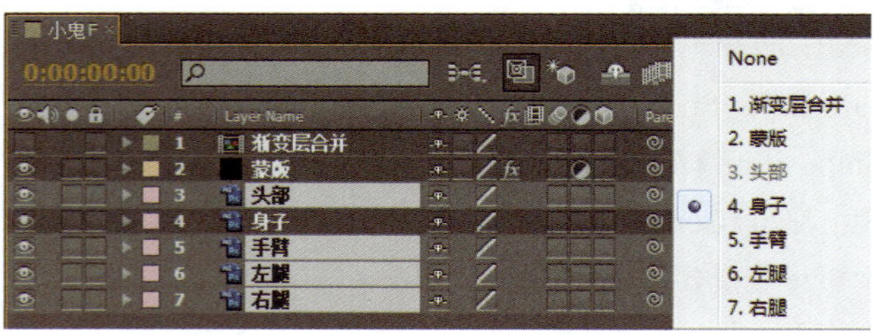

图2-53　同时为多个子层指定父层

经验

ⓕ保存项目工程文件的快捷键为【Ctrl+S】；项目工程文件另存为的快捷键为【Ctrl+Shift+S】，项目工程文件尽量不要保存在系统盘下，而项目命名要符合项目内容，便于以后查找或方便其他人共享文件。

技巧

ⓖ在项目工程比较大的情况下，可以选择在不同的步骤中保存不同版本，避免中途出现难以处理的错误操作，而导致整个工程文件废除。保存了不同时期的项目工程文件，在遇到这种情况的时候，就可以打开较早前的版本，避免更多的重复工作。

经验

ⓗ被选中的层为子层，而在菜单中被选中的层为父层。

在父子层关系中，对父层的任何属性编辑都会影响到子层[ⓘ]，而对子层的属性编辑不会影响到父层，父层只能有一个但是子层可以有多个。

04 Transform参数介绍

在时间线编辑区中的每个图层都有【Transform】[ⓙ]属性编辑，如图2-54所示，分别是【Anchor Point】(中心点)、【Position】(位置)、【Scale】(缩放)、【Rotation】(旋转)、【Opacity】(透明度)。

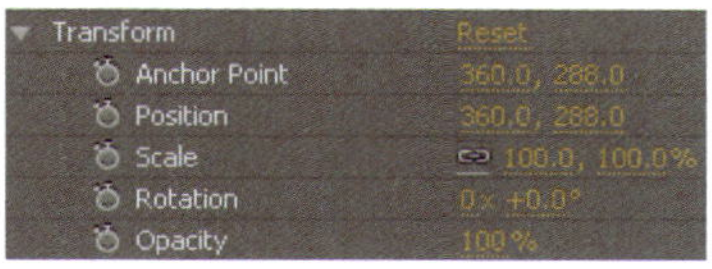

图2-54　Transform参数介绍

05 调整时间线光标

(1) 通过数值定位光标位置

在After Effects软件的操作中，时间线的概念是非常重要的，一般称其为【Timeline】。激活时间线编辑区中的黄色时间显示区可以直接通过输入数值改变时间线光标所在的位置，如果是第5帧，可以在左键单击后直接输入数字“5”，如果是第1:05帧，可以直接输入数字“105”[ⓚ]，如图2-55所示。

图2-55　通过准确数值移动光标的位置

(2) 通过移动光标定位光标位置

也可以在时间线编辑区中通过直接拖动时间线光标移动其位置[ⓛ]，或者在目标位置点处单击移动光标位置，单击的位置如图2-56所示，只有在这个标尺范围内单击才有效。

图2-56　通过单击移动光标位置

06 关键帧

After Effects是通过关键帧的记录来完成动画[ⓜ]设置的，产生动画有两个要素，一是时间点的改变，二是数值的变化。激活关键

经验

ⓘ在对父层的所有属性编辑时，只有“透明度”这一属性的变化不会影响到子层。

技巧

ⓙ【Anchor Point】快捷键为【A】，【Position】快捷键为【P】，【Scale】快捷键为【S】，【Rotation】快捷键为【R】，【Opacity】快捷键为【T】。值得注意的是，每个属性的快捷键都是其第一个字母，只有透明度的快捷键不同。在使用这些快捷键时，要保证输入法为英文状态，中文状态下是无法使用快捷键的。

经验

ⓚ选择【File】>【Project Settings】命令，弹出【Project Settings】对话框。将【Display Style】设置为【Frames】，则可以直接输入帧数调整时间线光标的位置。

注意

ⓛ如果项目工程文件较大或特效比较复杂，直接拖动时间线光标移动位置容易造成死机或软件崩溃。

注意

ⓜ这里所指的“动画”不是“动画片”或“卡通片”的概念，而是指所有素材，比如画面或图像所产生的任何变化，也包括声音的变化。

帧记录器后，在时间线中会相应出现关键帧标志，图层前的添加关键帧记录器按钮有两个不同方向的三角按钮，单击三角按钮就可以直接跳到前一个或后一个关键帧位置上，避免手动选择出现误差，如图2-57所示。

图2-57　关键帧添加按钮

07 预览动画效果

在一个镜头或一段动画处理完成后，可以通过按数字键盘上的【0】键预览动画效果，预览的效果和时间长度与项目工程文件的复杂程度以及计算机硬件有着很大的关系，工程文件越复杂、计算机硬件配置越低，需要预渲染的时间越久，能够预览的时间长度相对也会越短。另外，也可以通过按【Space】键进行画面预览[n]。

有时候可以通过降低预览画面质量来提高预览的时长，如图2-58所示。在预览区下方的相应下拉菜单中，可以选择预览画面的质量。

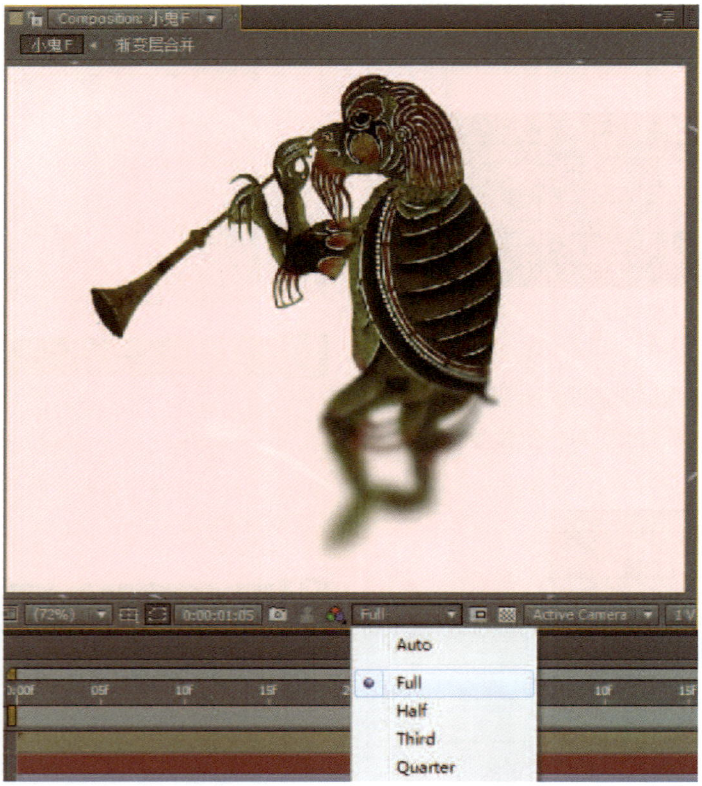

图2-58　设置预览画面的质量

技巧

[n]【Space】键预览与【0】键预览是有区别的，【Space】键为直接实时预览；【0】键为预渲染至缓存后进行预览。一般来讲预渲染后的预览效果比较准确。在大写键【Caps Lock】被激活的状态下，无法预览动画效果。如果遇到预览报错，就要首先检查此项。

08 合并为新的项目工程文件

选择【Layer】>【Pre-compose】命令，弹出【Pre-compose】对话框[o]，可以把被选中的图层合并成一个新的【Comp】文件[p]，如图2-59所示。

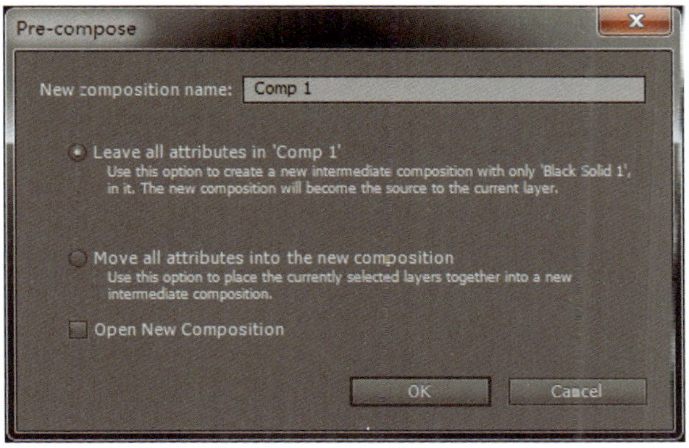

图2-59　合并为项目二程文件对话框

合并为新项目工程文件，可以选择合并多个图层，也可以选择合并单个图层。在【Pre-compose】对话框中【Leaves all attributes in ‘Comp1’】是指不合并层文件的特效或动画，而【Move all attributes into the new composition】是指合并层文件所有特效或动画。选中【Open New Composition】复选框则直接打开新合并的项目工程文件。

技巧

[o]合并为新的项目工程文件快捷键为【Ctrl+Shift+C】。

经验

[p]合并后产生的【Comp】中包含了原有图层，在时间线编辑区或【Project】中双击该文件，打开项目工程文件，在其层编辑区内包含着被合并的图层。

独立实践任务（3课时）

任务二　完成小鬼D镜头的动画设置

任务背景

该镜头为第三届中国国际动漫节宣传片——皮影戏中的一个重要元素，通过本任务掌握皮影戏动画模拟制作特点。

任务要求

设计制作皮影戏镜头元素之一，设定出蚌壳张合的动画效果，最后定格为肢体缩入蚌壳内，并使用蒙版制作出幕布模糊的效果。要求符合皮影戏运动规律，效果逼真。

播出平台：多媒体、中央电视台及各地方电视台。

制式：PAL制。

任务参考效果图

【技术要领】导入素材；设置关键帧动画；新建固态层；合并为【Comp】；添加特效。

【解决问题】熟悉关键帧动画设置，了解父子层之间的关系，学会使用添加特效功能。

【应用领域】影视后期。

【素材来源】光盘\模块02\素材\小鬼D. psd。

【效果展示】光盘\模块02\效果展示\小鬼D. avi。

任务分析

主要制作步骤

课后作业

1. 填空题

（1）【Composition】>【Background Color】改变的是________颜色。

（2）在时间线编辑区中的每个图层都有【Transform】属性编辑，快捷键分别是__________【Anchor Point】、________【Position】、________【Scale】、________【Rotation】、________【Opacity】。

2. 单项选择题

（1）下列选项中，删除关键帧的方法错误的是________。

A. 选中要删除的关键帧，选择【Edit】>【Clear】命令

B. 选中要删除的关键帧，取消选中关键帧导航器

C. 选中要删除的关键帧，将其拖出时间线窗口

D. 选中要删除的关键帧，按【Delete】键

（2）_________命令是覆盖编辑前的项目工程文件，而_________是将编辑过的项目工程文件重新命名后进行保存。

A. Save；Save

B. Save As；Save

C. Save；Save As

D. Save As；Save As

3. 多项选择题

（1）“当【Layer】在【Comp】内的时候，下列描述正确的是________。”

A. 对Comp的操作会影响到Layer

B. 对Layer的操作会影响到Comp

C. 对Comp的操作不会影响到Layer

D. 对Layer的操作不会影响到Comp

（2）导入PSD这样含有图层的文件，下列描述正确的是________。

A. 可以单独导入PSD中的某个图层

B. 可以同时导入PSD中的任意某几个图层

C. 可以将PSD视作独立素材直接导入

D. 可以将PSD文件直接导入为【Comp】

03

模块

城市宣传专题片

——西湖四季

能力目标

掌握处理近景人物镜头画面和钢丝类物体擦除修整的方法

专业知识目标

1. 掌握拆场的概念与方法
2. 掌握不同类型画面修整的思路与方法

软件知识目标

1. 稳定器的使用方法
2. 场的概念和检测
3. 遮罩概念
4. 相关特效的使用方法和应用范围

课时安排

6课时（讲课4课时，实践2课时）

任务参考效果图

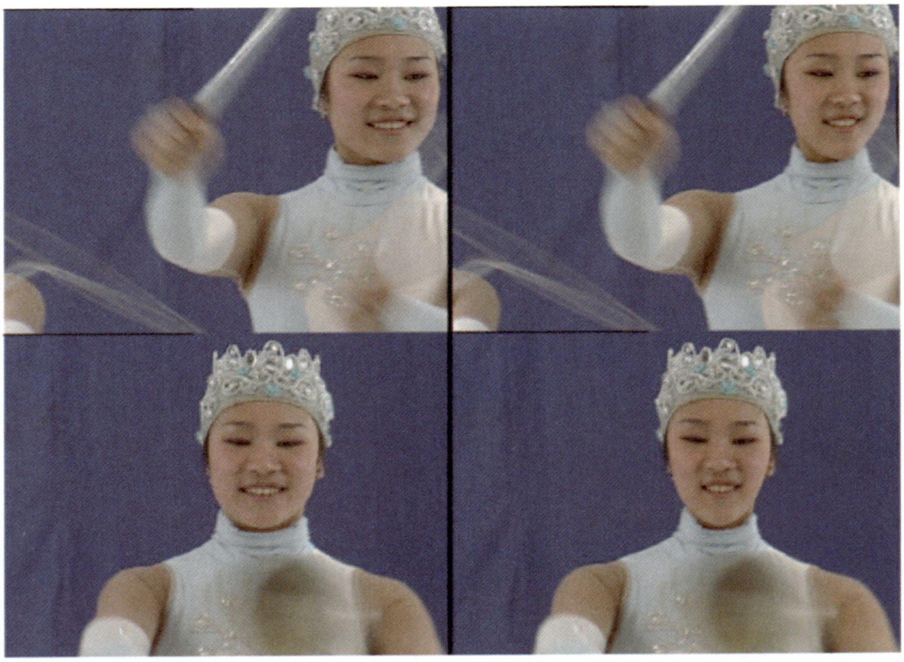

模拟制作任务

任务一　画面修整之人物角色脸型（2课时）

任务背景

《西湖四季》是一部杭州市旅游宣传专题片，以杂技为表现手法，通过四个季节的变幻表达出杭州这一千年古城的怡人景色与城市底蕴。本任务为《西湖四季》中《冬》的棚拍镜头，通过中国传统杂技项目“抖空竹”和西方古典“芭蕾舞”的完美结合体现出杭州中西文化和谐交融的城市氛围。

任务要求

由于杂技演员人物脸部比较圆润，作为近景，如果在脸型上作一些修整美化，就会有更好的视觉效果，使画面更加完美。本任务需要修整《西湖四季》中的棚拍人物近景镜头，为演员修小脸型，要求符合镜头效果并与原镜头运动方式匹配。

播出平台：多媒体、中央电视台及各地方电视台。

制式：PAL制。

任务分析

前期拍摄时，就需要有后期制作导演的参与，了解画面需要表现的信息，以求在最大程度上满足后期制作的需要。但是当涉及拍摄素材不足，或者废信息前期无法滤除时，就需要后期通过技术手段来做弥补和适当的修整。本任务中的镜头是一个抖竿镜头，画面主体是运动的，需要对这个镜头中脸部修型的动画设置关键帧动画。对于一般的外形修整，可以选用软件中自带的特效【Mesh Warp】，该特效可将画面分割成由多条变形调整控制线组成的网格，可通过改变节点位置，关联移动画面内部的相对应像素的位置。

本案例的重点、难点

设置素材出入点，稳定器的使用，【Mesh Warp】特效的使用，安全框的使用。

【技术要领】判断场信息；稳定器使用要领；套用【Comp】层；【Mesh Warp】特效；添加安全框。

【解决问题】通过稳定器固定动态画面，使用特效修整画面，了解安全框的意义。

【应用领域】影视后期。

【素材来源】光盘\模块03\素材\冬——蓝底三人横移.avi。

【效果展示】光盘\模块03\效果展示\冬——蓝底三人横移.avi。

操作步骤详解

新建工程文件导入素材

01 启动After Effects CS5，如图3-1所示，在引导页对话框中选择【New Composition】01选项，弹出【Composition Settings】对话框，将【Composition Name】命名为“脸部修型”，设定【Preset】为“PAL D1/DV”，设定【Resolution】为“Full”，设定【Duration】为“0:00:02:00”，如图3-2所示，单击【OK】按钮完成项目工程文件的设置，保存项目文件至硬盘。

图3-1　新建项目工程文件

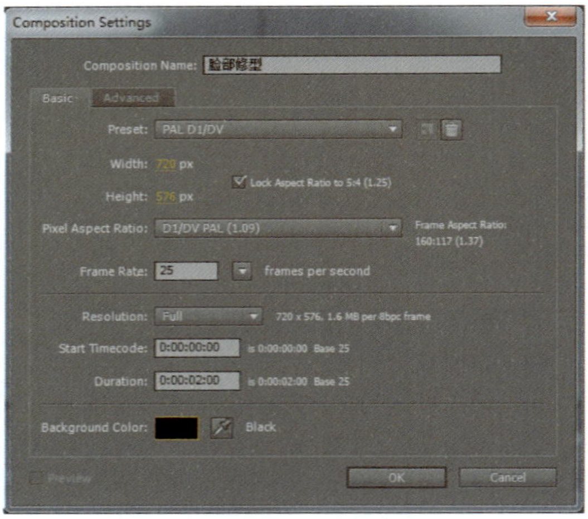

图3-2　设置项目工程文件参数

02 选择【File】>【Import】>【File】命令，弹出【Import File】对话框，选择“模块03\素材\冬——蓝底三人横移.avi”素材文件（光盘中提供），单击【OK】按钮完成素材导入。如图3-3所示，在【Project】编辑区右击“冬——蓝底三人横移.avi”素材，在弹出的快捷菜单中选择【Interpret Footage】>【Main】选项，弹出【Interpret Footage】对话框。在【Fields and Pulldown】一栏内的【Separate Fields】02下拉菜单中选择【Upper Field First】（上场优先），单击【OK】按钮完成场信息的设置，如图3-4所示。

图3-3　项目工程文件右键菜单

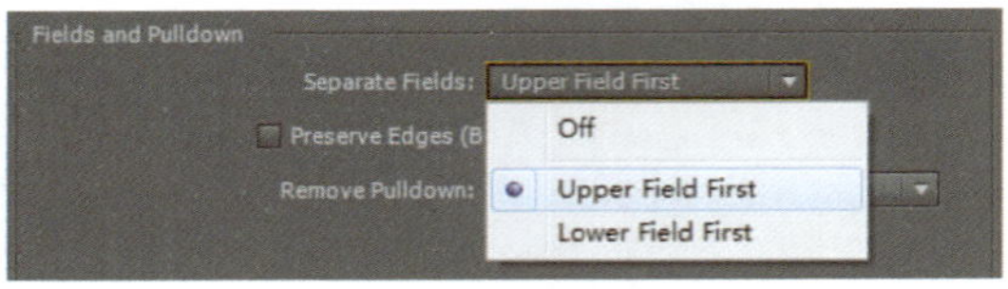

图3-4　设置场信息

03 在【Project】编辑区中双击“冬——蓝底三人横移.avi”素材，将其在预览区打开。如图3-5所示，单击预览区下方的调整时间按钮，激活【Go to Time】对话框，输入数值“411”，单击【OK】按钮将光标移至素材4秒11帧处位置。

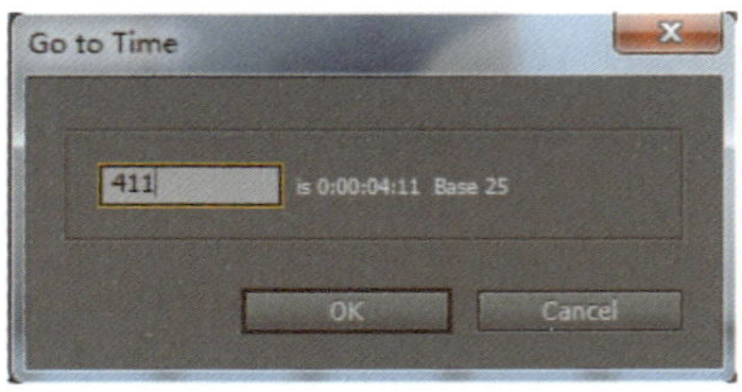

图3-5　调整预览区光标位置

04 在素材4秒11帧位置处单击“入点设置”按钮设置素材入点位置，如图3-6所示，时间线上4秒11帧之前变为灰色，而被保留的素材仍然为蓝色。

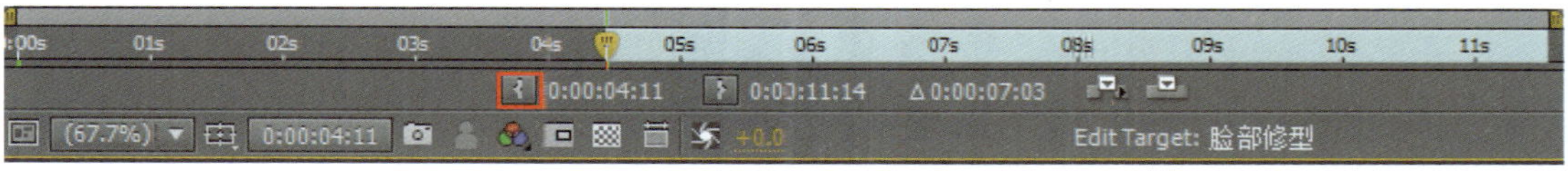

图3-6　设置素材入点位置

05 将时间线光标移至 6 秒 20 帧的位置，单击“出点设置”按钮设置素材出点位置，如图 3-7 所示。

图3-7　设置素材出点位置

06 在时间线编辑区将时间线光标移至0帧的位置，在预览区下方单击【Overlay Edit】按钮，将素材添加至时间线编辑区，如图3-8所示。

图3-8　调入素材至时间线编辑区

稳定动态画面

07 单击时间线编辑区中的层1文件，按【Ctrl+C】组合键复制层，按【Ctrl+V】组合键粘贴出一个新的层。选中层1文件，选择【Windows】>【Tracker】命令，在时间编辑区右侧打开【Tracker】对话框，如图3-9所示。单击【Stabilize Motion】（稳定器）按钮，导入层1文件相关信息，如图3-10所示。

图3-9　【Tracker】对话框

图3-10　导入文件相关信息

08 在预览区画面中会出现稳定器的跟踪标点，如图3-11所示。确定时间线编辑区内时间线光标位置为0帧，在预览区跟踪标点方框内按住鼠标左键将其拖动至角色衣领处位置，由于需要跟踪的画面移动幅度比较大，要适当地调整跟踪点的范围，如图3-12所示，拖动跟踪点外框将“跟踪范围”扩大，拖动跟踪点内框将“跟踪点”范围扩大，确定跟踪点的选取范围。

图3-11　特效调整控制线框

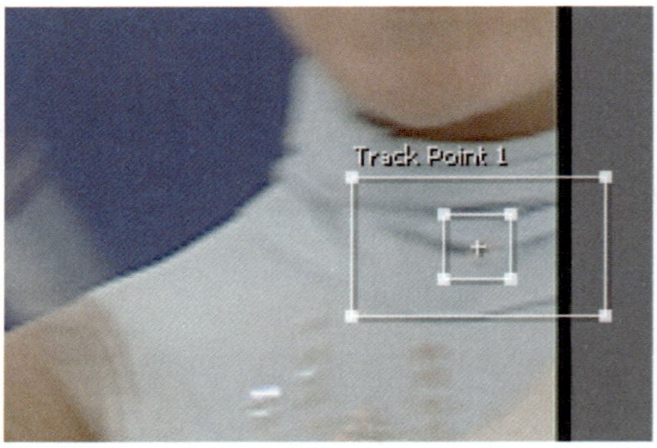

图3-12　调整跟踪点的位置

09 单击【Tracker】面板【Analyze】中的“播放”按钮，开始自动跟踪画面，如图3-13所示。手动调整时间线光标的位置，观察跟踪点的位置，如图3-14所示。跟踪时，有些画面由于跟踪点被角色的道具遮挡，因此出现跟踪点跳移的现象。移动时间线光标至跳帧处，重新设定跟踪点的位置，单击【Tracker】面板【Analyze】中的“播放”按钮，再次进行自动跟踪。如此反复调整几次，将跟踪点确定至所需要的位置。

图3-13　单击【Analyze】的“播放”按钮

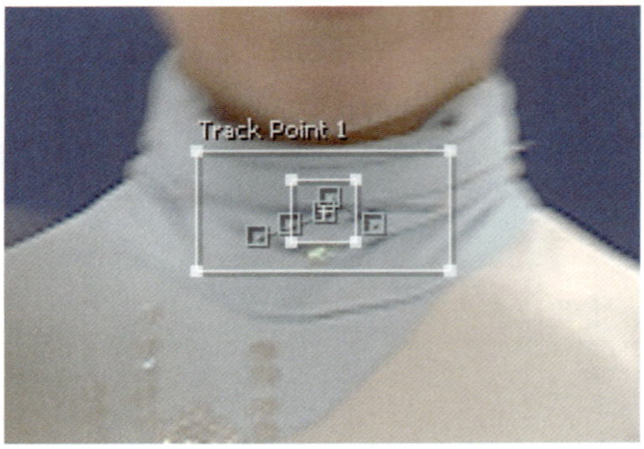

图3-14　跟踪点跳帧画面

10 单击时间线编辑区层1文件前的三角按钮，展开层【Motion Trackers】>【Tracker1】>【Track Point1】属性，可以看到自动跟踪后产生的所有关键帧，如图3-15所示。

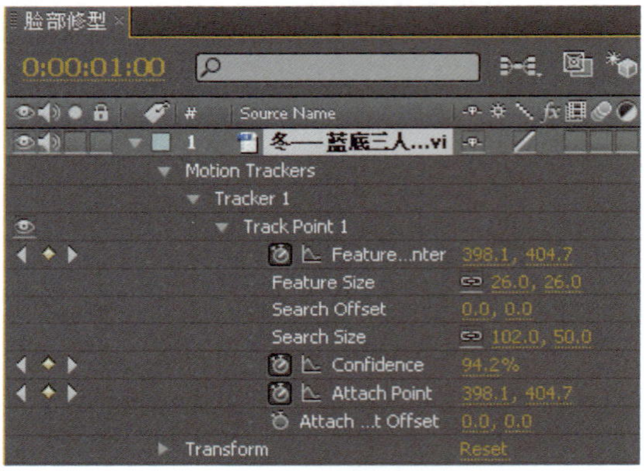

图3-15　通过特效调整控制点调整画面

11 单击【Tracker】面板【Apply】按钮，如图3-16所示，弹出【Motion Tracker Apply Options】对话框，选择默认参数，以X、Y轴为方向固定画面，如图3-17所示。

图3-16　单击【Apply】按钮

3-17　以X、Y轴为方向固定画面

12 将时间线光标调整到第24帧的位置，如图3-18所示，预览区中角色人物处于画面中央。拖动层1画面与预览区对齐，将图层6个控制点对齐预览区边框，如图3-19所示。

图3-18　调整时间线光标

图3-19　手动调整图层的位置

使用特效修整脸型

13 单击时间线编辑区中的层1文件，将其合并为一个新的项目工程文件，按【Ctrl+Shift+C】组合键，弹出【Pre-compose】对话框，将【New composition name】设置为“修整层”，选择【Move all attributes into the new composition】，单击【OK】按钮完成合并，如图3-20所示。

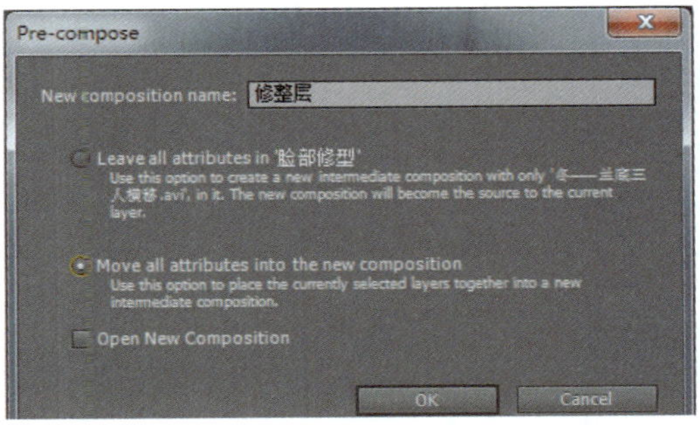

图3-20　合并层

14 确定时间线编辑区的时间线光标为第24帧位置，选择【Effect】>【Distort】>【Mesh Warp】命令，添加【Mesh Warp】特效，添加特效后预览区图层中出现特效调整控制线框，如图3-21所示。

图3-21　特效调整控制线框

15 在特效编辑区调整【Mesh Warp】[03]的参数，如图3-22所示，将【Rows】设置为“10”、【Columns】设置为“10”，增加特效调整控制线框的数量，如图3-23所示。

图3-22　调整特效参数

16 在预览区中，分别单击脸部周围控制线的交点，拖动交点调整缩小角色的脸型，如图3-24所示。

图3-23　增加特效调整控制线框参数

图3-24　通过特效调整控制点调整画面

17 在特效编辑区激活【Mesh Warp】特效的【Distortion Mes】关键帧记录器，如图3-25所示。将时间线光标移动至不同画面进行检查并进行脸部的微调，以达到满意的效果。

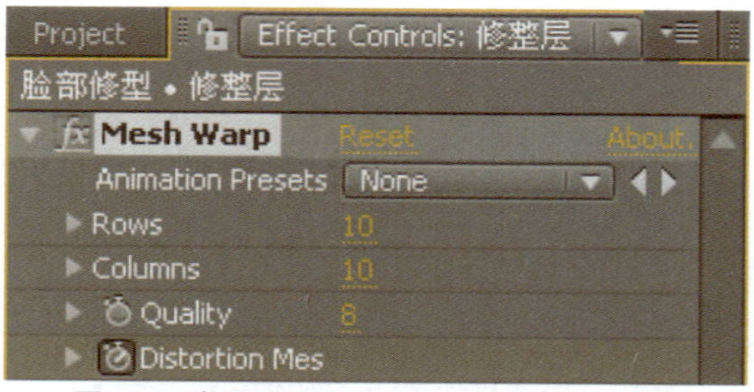

图3-25　激活【Distortion Mes】关键帧记录器

18 双击层1文件打开“修整层”项目文件，如图3-26所示，在时间线编辑区展开其属性，单击【Feature】参数，选中所有关键帧，按【Ctrl+C】组合键复制参数。

图3-26　选中位置移动信息参数

19 在时间线编辑区中单击“脸部修型”标签打开其项目工程文件，如图3-27所示。单击选中层1文件后按【P】键，单击【Postion】，将时间线光标移至第0帧位置，按【Ctrl+V】组合键粘贴关键帧，如图3-28所示。

图3-27　打开“脸部修型”项目文件

图3-28　粘贴移动参数关键帧

20 人物的运动虽然完全匹配但位置和原图还是有差异的，如图2-29所示，选中层1文件按【T】键将【Opacity】调整为“50%”，降低一半的透明度，便于观察层1文件与层2文件的位置偏差，如图3-30所示。在特效编辑区，暂时关闭特效的显示，如图3-31所示。

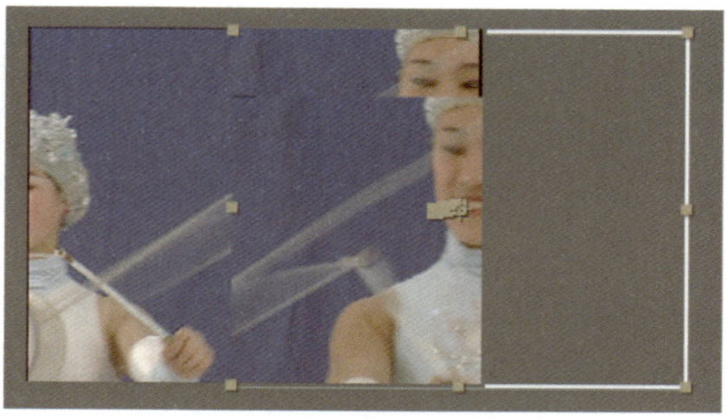

图3-29　调整位移参数后的图像偏差

图3-30　将【Opacity】调整为“50%”

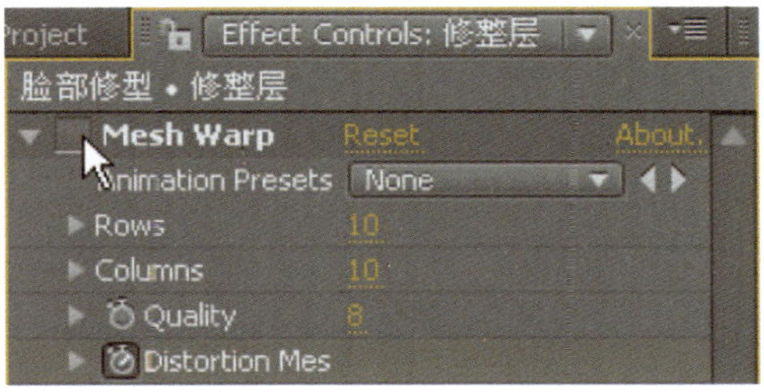

图3-31　关闭特效显示

21 单击层1文件后按【P】键，单击【Postion】，选中所有关键帧，如图3-32所示。在预览区手动调整层1文件与层2文件重合，效果如图3-33所示。将层1文件透明度调整为“100%”，并在特效编辑区打开其特效显示，并调整【Mesh Warp】的【Quality】参数为“10”，如图3-34所示。

图3-32　选择【Postion】所有关键帧

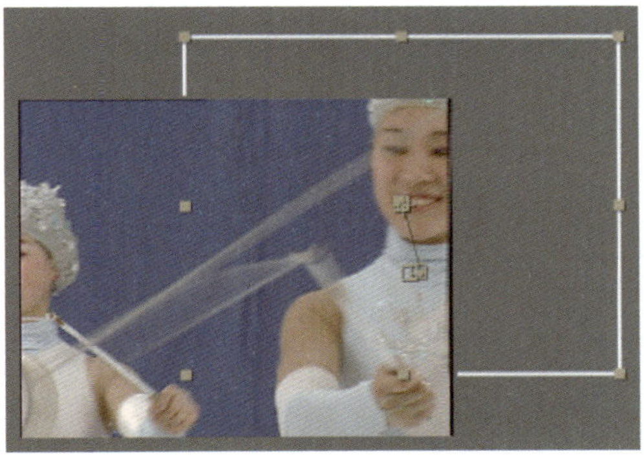

图3-33　手动调整图像的位置

图3-34　调整【Quality】参数

22 单击预览区下方的按钮，选择快捷菜单中的【Title/Action Safe】04选项，如图3-35所示。打开预览器安全框的显示，如图3-36所示，按数字键盘【0】键，预览动画效果，并观察是否有画面变形至安全框外框。

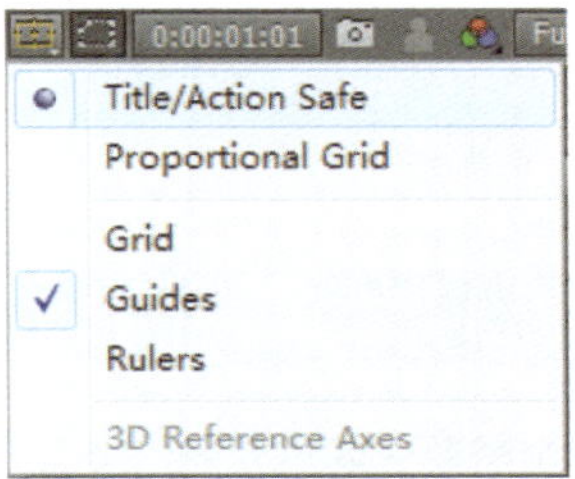

图3-35　选择【Title/Action Safe】选项

图3-36　打开安全框

通过以上各步骤，基本完成了对角色脸型的修整任务，在针对其他不同镜头进行画面修整时，首先要观察摄像机的运动轨迹，找到解决问题的思路，适当地调整特效参数以期达到最好的效果。

任务二 画面修整之去掉画面杂物（2课时）

任务背景

本任务为《西湖四季》中另一个章节《夏》的实拍镜头，通过传统杂技项目“柔体表演”和西湖实景融为一体。荷叶状的水上舞台，亭亭玉立的杂技演员，构成了人与自然的完美融合，体现了西湖另一面的灵动生机。

任务要求

修整《西湖四季》中的湖面舞台表演镜头，去除舞台边竹竿标点。

播出平台：多媒体、中央电视台及各地方电视台。

制式：PAL制。

任务分析

本任务中需要去除的是插在水里的竹竿，它在画面中的作用相当于跟踪点，给予近处物体的摄像机反跟踪信息，方便后期更换天空等其他三维合成操作。当特效完成后，这些跟踪点就需要去除，以保证画面的清洁。

本案例的重点、难点

调整播放速率拆场，擦除水中的竹竿，绘制遮罩，调整画面色彩以匹配镜头。

【技术要领】拆场；【CC Simple Wire Removal】特效；绘制遮罩；【Curves】特效。

【解决问题】了解拆场的概念和作用，掌握新的特效内容，学会使用钢笔工具绘制遮罩。

【应用领域】影视后期。

【素材来源】光盘\模块03\素材\夏——圆台全景摇.avi。

【效果展示】光盘\模块03\效果展示\去竹竿.avi。

操作步骤详解

新建工程文件导入素材

01 启动After Effects CS5，在引导页对话框中选择【New Composition】选项，弹出【Composition Settings】对话框，如图3-37所示，建立项目工程文件的合成窗口，单击【OK】按钮完成设置，保存项目文件至硬盘。

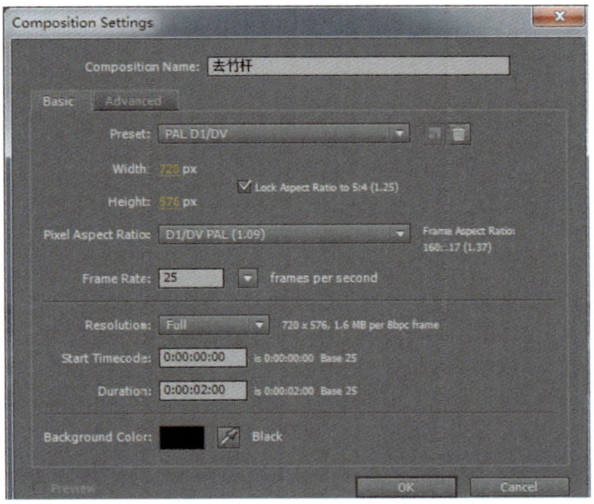

图3-37　设置项目工程文件

02 单击【Project】编辑区，按【Ctrl+I】组合键，弹出【Import File】对话框，选择“模块03\素材\夏——圆台全景摇.avi”素材文件，单击【OK】按钮完成素材导入。在【Project】编辑区选中素材，按【Ctrl+Alt+G】组合键，弹出【Interpret Footage】对话框。在【Fields and Pulldown】一栏中的【Separate Fields】下拉菜单中选择【Upper Field First】选项，单击【OK】按钮完成场信息的设置，如图3-38所示。

图3-38　设置场信息

03 在【Project】编辑区双击素材将其在预览区中打开。如图3-39所示，将第17秒位置设置为“入点”，将第18秒位置设置为“出点”，在时间线编辑区将时间线光标移至第0帧位置处，插入素材。

图3-39　设置素材出入点

04 单击时间线编辑区左下方的按钮，展开素材速率编辑区，如图3-40所示，单击“Stretch”一栏下的数字编辑区“100.0%”，弹出【Time Stretch】对话框，在【Time Stretch】对话框中将【Stretch Factor】数值调整为“200”，如图3-41所示，单击【OK】按钮将素材播放速率延长一倍，达到拆场[05]的目的。单击按钮，关闭素材速率编辑区，完成素材的导入。

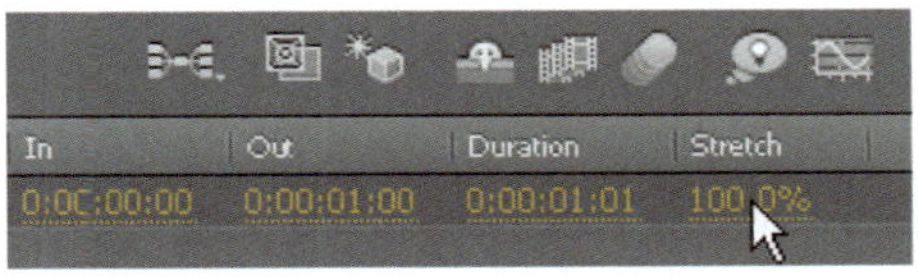

图3-40　展开素材速率编辑区

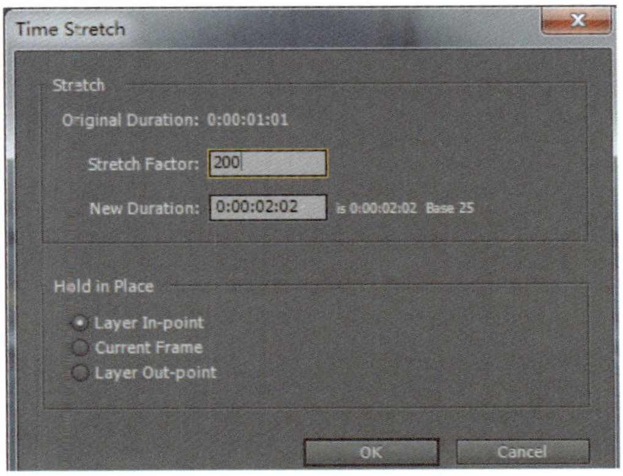

图3-41　编辑素材速率

使用特效修整画面

05 单击时间线编辑区中的层1文件，选择【Effect】>【Keying】>【CC Simple Wire Removal】命令，添加【CC Simple Wire Removal】[06]特效，添加特效后，预览区图层上出现两个特效调整控制点，如图3-42所示。

图3-42　特效调整控制点

06 在特效编辑区中，单击特效【Point A】的取值按钮，如图3-43所示。在预览区图层中出现调整A点位置的十字交叉坐标线，单击画面中间需要去除的竹竿位置上方，确定A点坐标，如图3-44所示。

07 单击特效【Point B】的取值按钮，调整坐标B的位置，如图3-45所示。

图3-43　特效调整控制数框

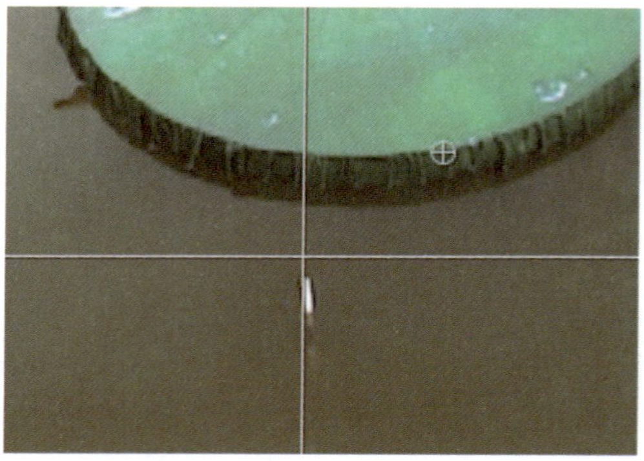

图3-44　调整A点坐标的位置

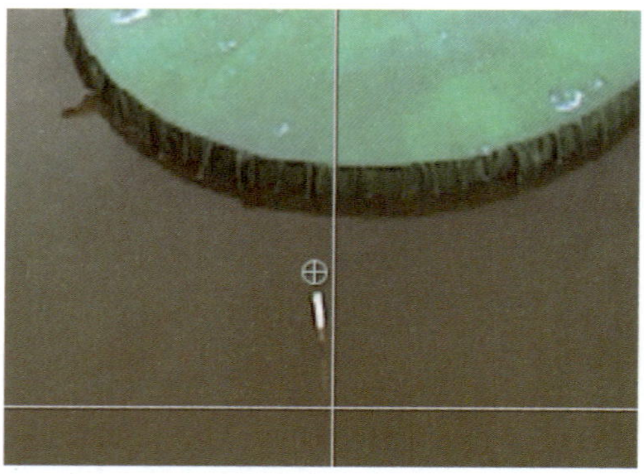

图3-45　调整B点坐标的位置

08 单击【Thickness】的数值，将其参数调整为“10”，如图3-46所示，去掉画面中的竹竿，效果如图3-47所示。

图3-46　调整参数去除竹竿

图3-47　去除竹竿后的效果

09 单击特效【Point A】和【Point B】前的关键帧记录器，将其激活。在时间线编辑区将时间线光标移至最后一帧，调整【Point A】和【Point B】的坐标至竹竿上方和下方，确定需要处理的画面位置，如图3-48所示。去除竹竿后的效果，如图3-49所示。

图3-48　调整坐标点去除竹竿

图3-49　去除竹竿后的效果

10 将预览区画面显示大小调整为“100%”，将显示精度调整为“Full”，如图3-50所示。将时间线光标调整至时间线中间的位置，调整特效【Point A】和【Point B】的位置。重复调整时间线光标至其他不同位置，观察画面中竹竿去除的效果，如有穿帮适当调整特效【Point A】和【Point B】的位置，完成画面中间竹竿的去除工作。

图3-50　调整预览区预览效果

使用遮罩修整画面

11 单击时间线编辑区中的层1文件，按【Ctrl+C】组合键复制，再按【Ctrl+V】组合键粘贴出新的层文件，选中层1文件，按【E】键，展开该文件添加过的特效，如图3-51所示。单击【Delete】键删除特效。

图3-51　展开特效选项

12 按【T】键展开该层透明度编辑选项，调整参数为“50%”，如图3-52所示，按【P】键展开位置编辑选项，调整参数为“290.0, 248.0”，如图3-53所示，调整层1文件画面中水面位置遮挡至层2文件左侧竹竿与荷叶处，预览区效果如图3-54所示。

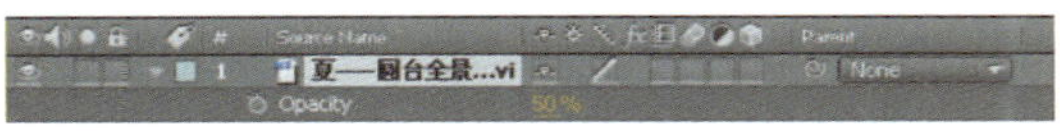

图3-52　调整透明度参数

图3-53　调整位置参数

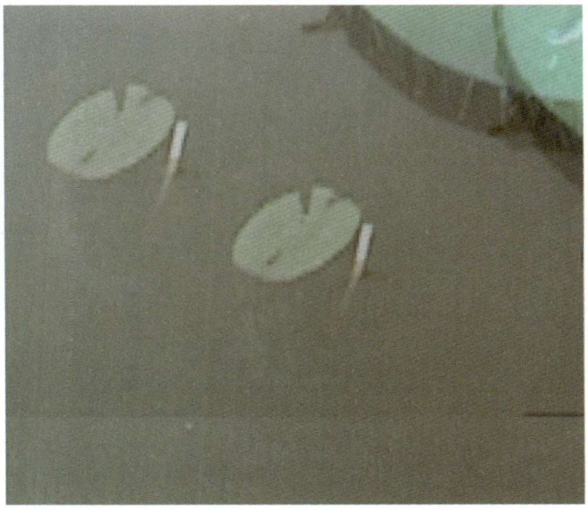

图3-54　预遮挡画面效果

13 确保层1文件为选中状态，将时间线光标移至最后一帧位置，选择工具栏中的钢笔工具，在需要遮挡的位置处绘制遮罩，效果如图3-55所示。

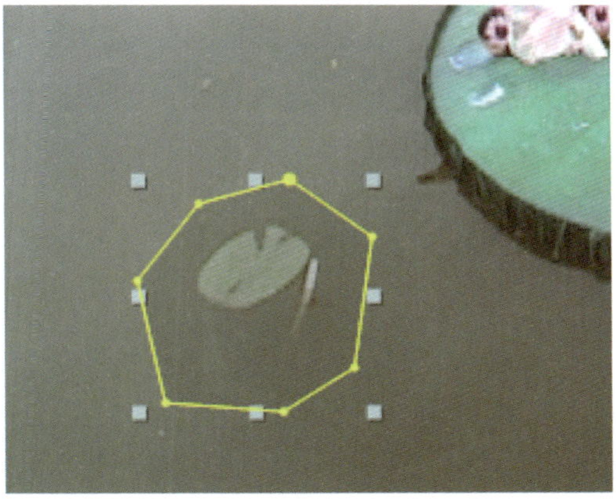

图3-55　绘制遮罩

14 在层1文件上按两次【M】键，展开遮罩的编辑参数，调整【Mask Feather】参数为“18.0”，羽化遮罩的边缘，如图3-56所示。按【T】键展开该层透明度编辑选项，调整参数为“100%”，画面效果如图3-57所示。

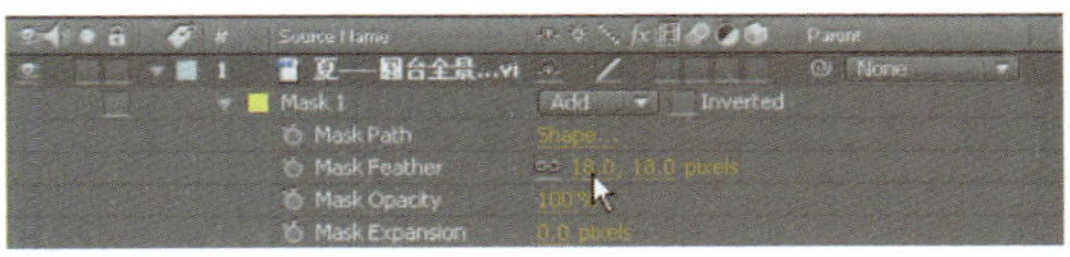

图3-56　调整遮罩羽化值

图3-57　遮罩效果

15 选择【Effect】>【Color Correction】>【Curves】命令，在特效编辑区中调整特效曲线，如图3-58所示，调整层1画面的亮度以达到与层2画面的匹配度，效果如图3-59所示。

16 在特效编辑区激活特效【Curves】的关键帧记录器，在时间线编辑区激活遮罩【Mask Path】的关键帧记录器，将时间线光标移至第0帧位置，重新调整遮罩的位置并适当调整【Curves】的曲线，重复调整时间线光标至其他位置，观察画面中竹竿与荷叶的遮挡效果完成画面的修整工作。

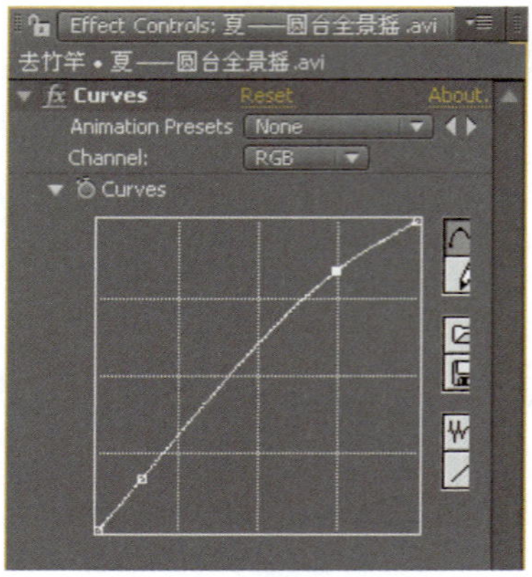

图3-58　调整特效的曲线值

图3-59　调整亮度后的效果

知识点拓展

01 【New Composition】新建项目合成窗口

打开【Composition Settings】[a]对话框，如图3-60所示，建立一个新的合成窗口一般要设置工程文件的【Name】名称、【Preset】预设（工程文件类型）、【Resolution】画面预览质量与【Duration】时间长度[b]。

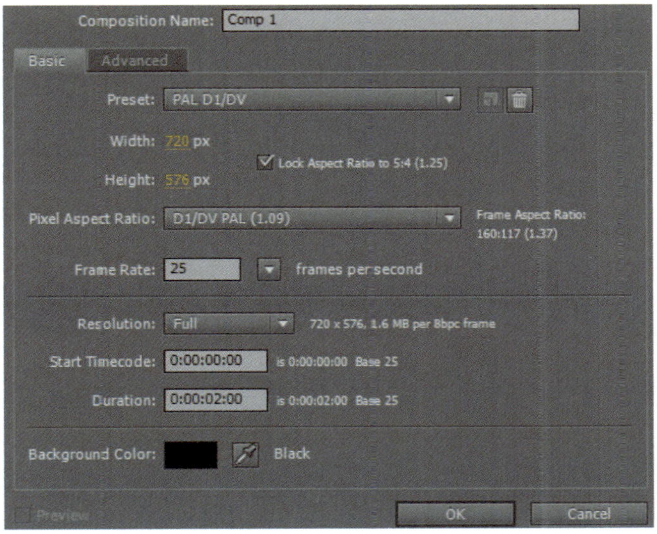

图3-60　新建合成窗口对话框

02 检测素材文件的场信息

将视频素材导入素材管理窗口后，首先需要检测素材的“场”信息，才能正确地设置素材，新建项目工程文件后将“模块03\素材\冬——蓝底三人横移.avi”素材文件（光盘中提供）导入【Project】中，选中素材，在【Project】编辑区可以看到素材的相应属性信息[c]，如图3-61所示，其中“Separating”默认设置为“Lower”。

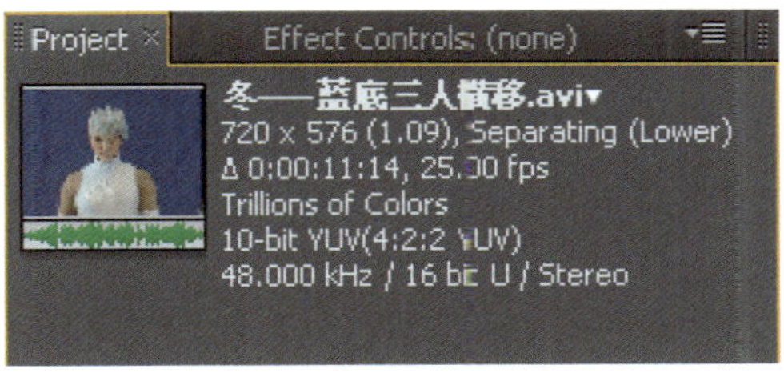

图3-61　设置素材场信息

选中素材并将其拖至时间线编辑区，单击时间线编辑区左下方的按钮，展开素材速率编辑区，将播放速率调整为“200”，素材

技巧

ⓐ除了在引导页面建立新的工程文件外，在菜单中选择【Composition】>【New Composition】命令或者在已经打开的After Effects软件中，使用快捷键【Ctrl+N】也可以打开新建工程文件对话框。

技巧

ⓑ除了设置时间线的整体长度外，选项【Start Timecode】用于设置时间线起始帧数，在After Effects中，时间线起始时间不一定是第0帧。

经验

ⓒ视频素材信息中包括制式、场、时间长度、帧、色彩采样以及声音方面的信息，可以直观地显示出素材的基本属性。

播放速率减少1/2。按数字键盘【0】键预览素材画面播放效果，可以看到画面播放效果非常不流畅，有前后错帧的现象。

在【Project】中，选中素材，按【Ctrl+Alt+G】组合键，弹出【Interpret Footage】对话框。将【Separate Fields】选择为【Upper Field First】，单击【OK】按钮回到时间线编辑区，按数字键盘【0】键预览素材画面播放效果，此时可以看到画面播放非常流畅，并无错帧现象[d]。

03【Mesh Warp】特效[e]

在【Mesh Warp】特效中，如图3-62所示，【Rows】为横向的线条数量；【Columns】为纵向的线条数量；【Quality】为画面变形质量的好坏，数值越大，质量越好，最大值为10；【Distortion Mes】是关键帧的记录按钮。在编辑调整【Mesh Warp】特效时，首先选择合适的横竖控制调整线条的数量，决定使用多少变形线来变形（一半依据变形主体的大小决定，主体大，线条可以少，主体小则反之操作），变形质量一般选择在“6～8”之间，以提高操作速度，记录下关键帧后，将质量提高至“10”作为最后输出数值。

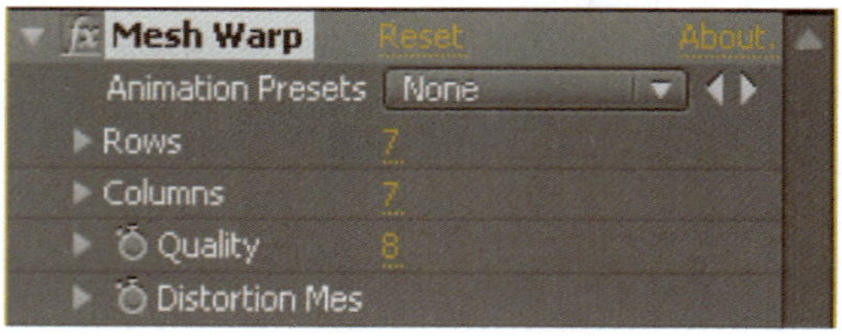

图3-62 【Mesh Warp】特效

04【Title/Action Safe】安全框

在【Composition】（预览区）下方单击▣按钮，可以选择不同的视图参考线，包括【Title/Action Safe】、【Proportional Grid】、【Grid】、【Guides】和【Rulers】，如图3-63所示，其中【Title/Action Safe】是制作用于电视播出项目的重要参考之一，如图3-64所示外框为画面安全框参考线，重要的显示画面要保留在此框内，如角标等；而内框为字幕安全框参考线，字幕等信息尽量控制在此框内。

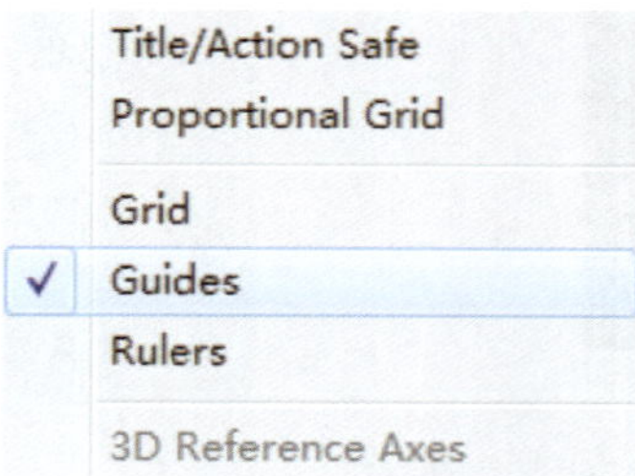

图3-63 视图参考线

注意

ⓓ场的选择是Upper还是Lower，取决于采集素材视频板卡，在不确定采集卡的情况下，一定要通过手动检测场的方法来确定。

技巧

ⓔ在本章任务中，由于需要修整脸型而主体人物在画面中是运动的，如果直接使用变形工具处理，将需要设置很多关键帧，随着时间线的后移，变形主体的位置将影响几乎所有的变形线，而且一些移动了位置的关节点很难再移回原位，这样的处理方法并不可取。通过稳定器处理过的画面，将主体人物固定在一个位置上，也就意味着只要处理脸部周围的几条变形线就可以了，虽然人物的头部有转动，但是相对于大范围位移画面的处理，这点变化很好控制，操作也更为简便和准确。

图3-64　安全框参考线ⓕ

05 拆场

新建项目工程文件后将“模块03\素材\夏——圆台全景摇.avi”素材文件（光盘中提供）导入【Project】中，选中素材，按【Ctrl+Alt+G】组合键，弹出【Interpret Footage】对话框。将【Separate Fields】选择为【Off】，如图3-65所示，单击【OK】按钮。

图3-65　设置场信息

在预览区可以看到画面中物体边缘出现了如图3-66所示的类似于齿边的现象，这就是隔行扫描电视中的“场”造成的ⓖ。画面中显示的图像，实际上是由两幅图像组成的，奇数行为一幅画面，偶数行为另一幅画面。将素材播放速率调整为“200.0%”，减小1/2速率播放，这样操作后，就将每场的信息作为一帧画面来播放，也就是通常所说的“拆场”。

图3-66　“场”造成的齿边现象

经验

ⓕ图3-64中，在画面的边缘可以清晰地看到黑色的区域，一般实拍素材通过视频采集板卡采集的文件都会有此现象，如果用于非电视平台播出的文件，需要注意适当调整画面的比例或通过其他方法处理掉。

经验

ⓖ数码图像和通过电脑制作出的视频与单帧素材以及胶片等素材没有“场”。

06【CC Simple Wire Removal】特效

【CC Simple Wire Removal】特效中，如图3-67所示的【Point A】和【Point B】两点是定义需要进行处理的“钢丝”的起点和终点，【Removal Style】决定了用何种方式进行处理，如图3-68所示的选项中，【Fade】是褪色处理；【Frame Offset】ⓗ是帧位置偏移处理；【Displace】是像素偏移挤压处理；【Displace Horizontal】是水平位的替换偏移处理，效果与【Displace】基本相同。

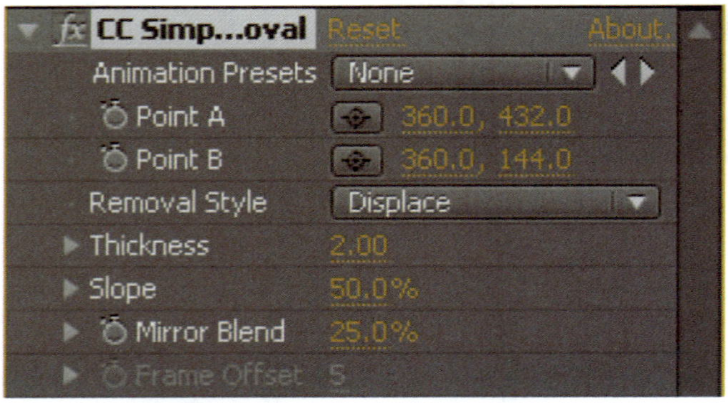

图3-67 【CC Simple Wire Removal】特效

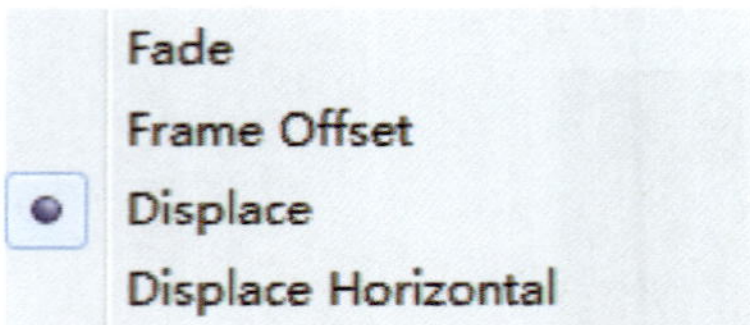

图3-68 【Removal Style】4种方式

【Thickness】是指影响挤压像素的范围，【Slope】是指挤压像素产生的变形强度ⓘ，【Mirror Blend】ⓙ是对挤压缝隙的镜像参数控制，【Frame Offset】在【Removal Style】一项中选择【Frame Offset】处理方式时则被激活。

经验

ⓗ【Frame Offset】的处理方式是用当前帧前后的帧图像来替代需要处理的部分图像。【Frame Offset】需要和此特效最后一个调节选项参数【Frame Offset】配合使用，【Frame Offset】为正数指的是以当前帧后续的帧数，【Frame Offset】为负数指的是当前帧前面的帧数。

经验

ⓘ【Thickness】与【Slope】这两个参数需要配合使用【CC Simple Wire Removal】特效才能起作用，其中任何一个参数为0时特效均没有效果。【Slope】参数值选择在“30%~50%”比较合适，【Thickness】参数则要根据需要处理的“钢丝”的粗细来决定，本模块任务二中的“竹竿”就需要较大的数值。

经验

ⓙ【Mirror Blend】默认参数为“25%”，其参考数值为“0”或“100%”时缝隙相当明显，一般参考数值在“40%～60%”时有较好的效果。

独立实践任务（2课时）

任务三 画面修整之人物角色体型

任务背景

《西湖四季》是一部杭州市旅游宣传专题片，以杂技为表现手法，通过四个的季节的变幻表达出杭州这一千年古城的怡人景色与城市底蕴。本任务为《西湖四季》中《冬》的棚拍镜头，通过中国传统杂技项目“抖空竹”和西方古典“芭蕾舞”的完美结合体现出杭州中西文化和谐交融的城市氛围。

任务要求

由于杂技演员人物身材比较丰满，脸部比较圆润，作为全景，如果在身型与脸型上作些修整美化，可以有更好的视觉效果，使得画面更加完美。本任务需要修整《西湖四季》中的棚拍人物全景镜头，为演员拉长身型，要求符合镜头效果并与原镜头运动方式匹配。

播出平台：多媒体。

制式：PAL制。

【技术要领】判断场信息；稳定器使用要领；套用【Comp】层；【Mesh Warp】特效。

【解决问题】结合使用特效修整画面。

【应用领域】影视后期。

【素材来源】光盘\模块03\素材\冬——蓝底三人.avi。

【效果展示】无。

任务分析

____

____

主要制作步骤

____

____

课后作业

1. 填空题

（1）【Mesh Warp】特效属于【Effect】菜单下的________特效组。

（2）在时间线层文件上绘制了【Mask】之后，连续按两次________键可以展开其属性编辑。

2. 单项选择题

（1）以下选项中________特效命令可以调整修改画面的亮度信息。

A.【Ramp】　　B.【Mesh Warp】

C.【Curves】　　D.【CC Simple Wire Removal】

（2）修改时间线层文件播放速率时，数值大于100%时播放速度__________，数值小于100%时播放速度________。

A. 加快；减慢　　B. 减慢；加快

C. 不变；加快　　D. 减慢；不变

3. 多项选择题

（1）预览区中【Title/Action Safe】安全框被激活使用时，下列描述正确的是________。

A. 安全框外框为字幕安全参考线，内框为画面安全参考线

B. 安全框内框为字幕安全参考线，外框为画面安全参考线

C. 安全框是制作用于电视播出项目的重要参考之一

D. 不是所有制作项目都需要安全框参考线，如电脑多媒体播放项目就不需要

（2）在After Effects CS5中，对于绘制【Mask】遮罩的描述正确的是________。

A. 可以用钢笔工具【Pen Tool】绘制自由遮罩

B. 可以用矩形和椭圆遮罩工具绘制规则遮罩

C. 可以在准备建立遮罩的目标层上右击鼠标，选择【Mask】>【New】>【Mask】命令，绘制各种遮罩

D. 可以利用在Adobe Photoshop CS 或Adobe Illustrator CS 中绘制的路径作为遮罩

04 模块

栏目片头制作
——新动影擎（上）

能力目标

掌握平面素材在影视片头中的应用

专业知识目标

1. 掌握使用Photoshop软件制作素材的方法
2. 掌握透明通道以及灯光层的概念

软件知识目标

1. 插件特效的安装
2. Mask绘制方法与属性调整
3. 层叠加概念与应用
4. 时间线编辑区扩展属性

课时安排

6课时（讲课3课时，实践3课时）

任务参考效果图

模拟制作任务（3课时）

任务一　片头制作（上）

任务背景

《新动影擎》是新动传媒的一个栏目片头。由于新动传媒的标志是一个箭头和方框的组合，本任务将挑选其中的箭头元素作为贯穿整个片头的标志图形。前景中的箭头采取了金黄色，与偏黑的蓝色搭配时非常协调，也更能突出主体。

任务要求

通过后期制作软件的处理手段和技术方法，利用平面元素制作出一条能充分体现栏目内容以及新动传媒特色的片头。

播出平台：电视台。

制式：PAL制。

任务分析

因为我们要制作影视类栏目，所以必须突出影视的特点。镜头的设计思路是箭头在光线照射的背景上穿梭游弋，体现出新动传媒移动的特点。昏暗的电影院里放映机投射出的那束明亮晃动的光线和半透明的电影胶片是最为熟悉和经典的电影印象，在制作这个片头时选择了这两个元素作为组成片头动画的一部分。在色彩上，为了突出影院的画面感觉，背景统一处理成了黑色，加上蓝色调的背景灯光，加强影院的效果。

本案例的重点、难点

通过添加灯光层，调整项目中的元素使其符合片头要求。

【技术要领】素材的制作和准备；插件的安装与应用；添加灯光层；Mask的应用。

【解决问题】通过第三方插件的应用提高工作效率，通过三维层与灯光层的调整与应用改变素材效果。

【应用领域】影视后期。

【素材来源】光盘\模块04\素材。

【效果展示】无。

操作步骤详解

胶片素材分析与制作

01 启动Photoshop CS5软件，选择【File】>【Open】命令，弹出【Open】对话框，选择“模块04\素材\底片素材.jpg”素材文件（光盘中提供），单击【打开】完成素材导入。这张图片的形状可以表现出胶片的外形，但它本身并没有透明通道[01]来表现透明度，需要对其进行处理，使胶片具有透明效果。如图4-1所示，在【LAYERS】（层）编辑区双击素材，弹出【New Layer】对话框，如图4-2所示，单击【OK】按钮完成图层属性转换，将背景层转化为可编辑层文件，如图4-3所示。

图4-1 新建项目工程文件

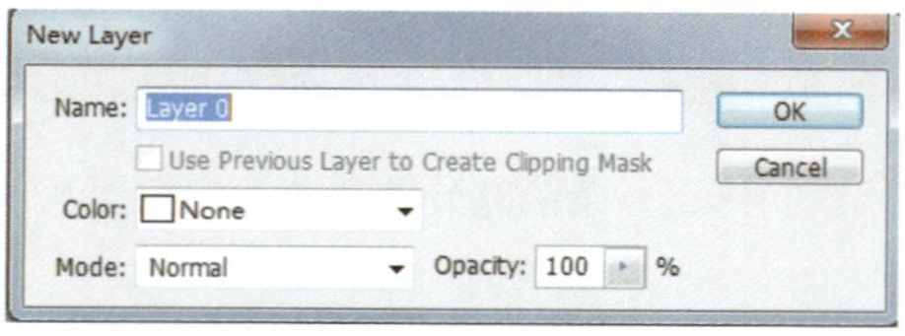

图4-2 【New Layer】对话框

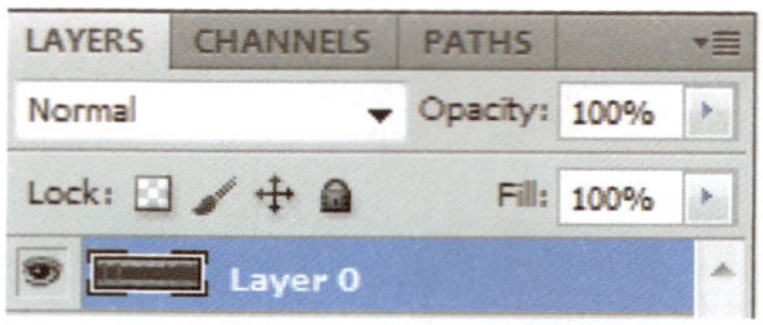

图4-3 转化为可编辑层文件

02 选择工具面板【Magic Wand Tool】（魔棒）工具，如图4-4所示，单击图片素材中任意一个“胶片孔”区域，按住【Shift】键继续单击以选择其他胶片孔，如图4-5所示，虚线框内为选中的区域。

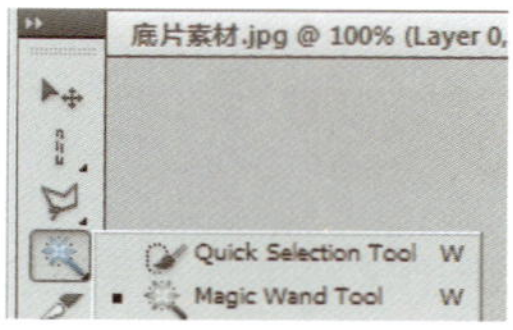

图4-4 选择【Magic Wand Tool】工具

图4-5 选择其他胶片孔

03 按【Delete】键，删除被选中区域内的图像，效果如图4-6所示。选择【File】>【Save】命令，弹出【Save As】窗口，将素材命名为“底片素材”并以“PSD”格式保存至硬盘。

图4-6 删除被选中区域内的图像

04 选择工具面板中的【Rectangular Marquee Tool】工具，如图4-7所示，单击图片中的任意区域，取消胶片孔虚线框的选择，再框选胶片暗格区域，选取时注意留出足够的边缘，选择好区域后，右击图片，在快捷菜单中选择【Feather】命令，如图4-8所示，弹出【Feather Selection】对话框，如图4-9所示，调整参数为“5”，单击【OK】按钮完成设置，效果如图4-10所示。

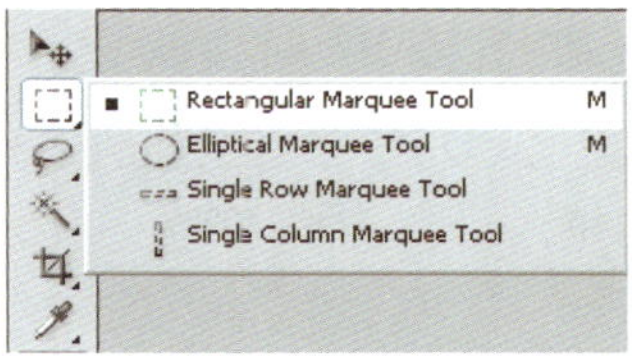

图4-7 选择【Rectangular Marquee Tool】工具

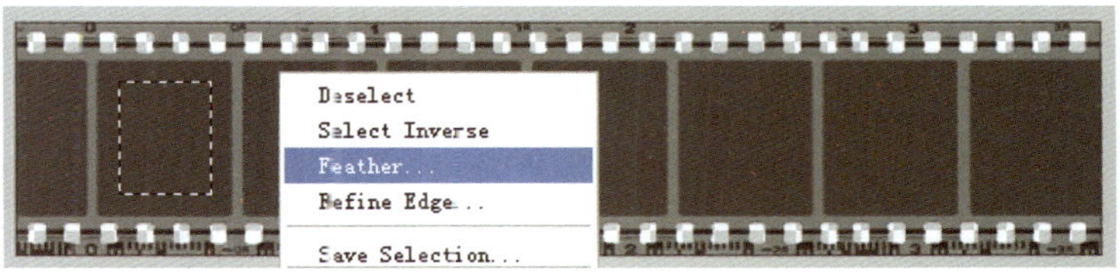

图4-8 快捷菜单命令

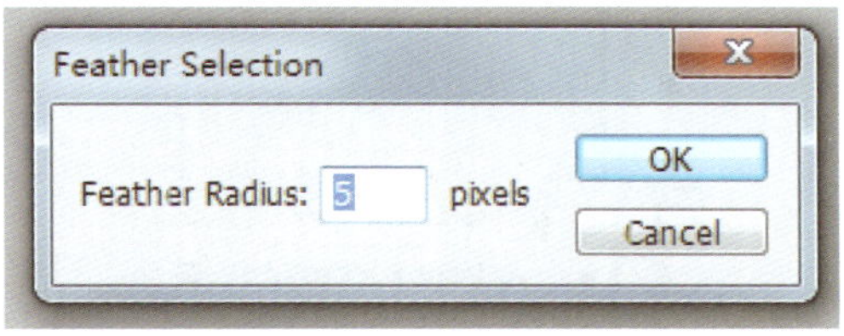

图4-9 【Feather Selection】对话框

图4-10 最终选取区域效果

05 按【Delete】键，删除被选中区域内的图像，效果如图4-11所示。按住【Shift】键的同时连续按【→】键，向右平移选框至下一个胶片暗格，释放【Shift】键按【→】键或【←】键调整选框至暗格中间位置，按【Delete】键，删除被选中区域内的图像，效果如图4-12所示。

图4-11 删除选区内图像效果

图4-12 选择并删除第二个暗格区域效果

06 重复以上步骤，调整选择虚线框并删除其他暗格的图像，效果如图4-13所示。单击【LAYERS】编辑区下方的 按钮，新建图层“Layer 1”，如图4-14所示。单击图层“Layer 1”并将其拖至图层“Layer 0”下方后释放鼠标，效果如图4-15所示。

图4-13 删除暗格图像效果

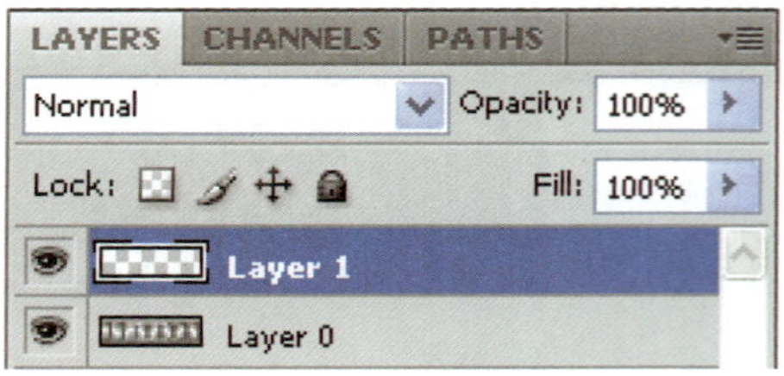

图4-14　新建图层

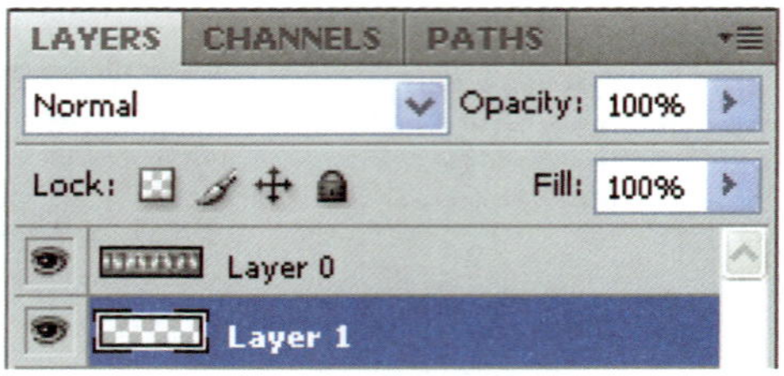

图4-15　调整层的位置

07 选择工具面板中的【Paint Bucket Tool】工具，如图4-16所示，单击色彩设定按钮，如图4-17所示，弹出【Color Picker】对话框，选择颜色为黑色，单击【OK】按钮完成设置，设置填充色为黑色。保证“Layer 1”层为选中的情况下，单击图片为该图层填充颜色。单击【LAYERS】编辑区【Opacity】参数选项的三角图标，调整其参数为“50%”，如图4-18所示，模拟制作出胶片半透明效果。

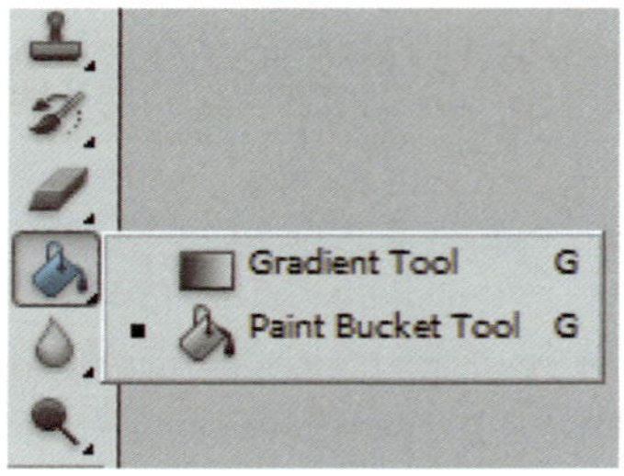

图4-16　选择工具

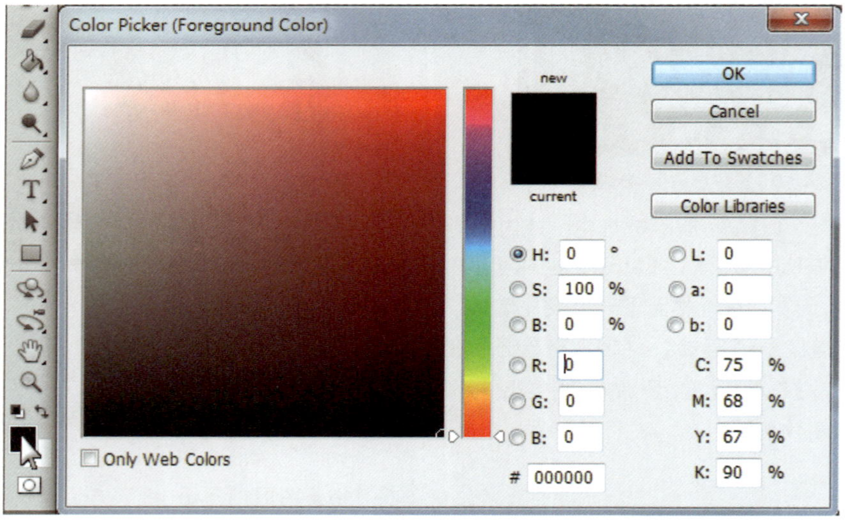

图4-17　设置填充色为黑色

08 选择工具面板中的【Rectangular Marquee Tool】工具，设定选区为暗格区域，如图4-19所示。右击图片，在快捷菜单中选择【Select Inverse】命令，如图4-20所示，按【Delete】键删除不需要的图像，效果如图4-21所示。

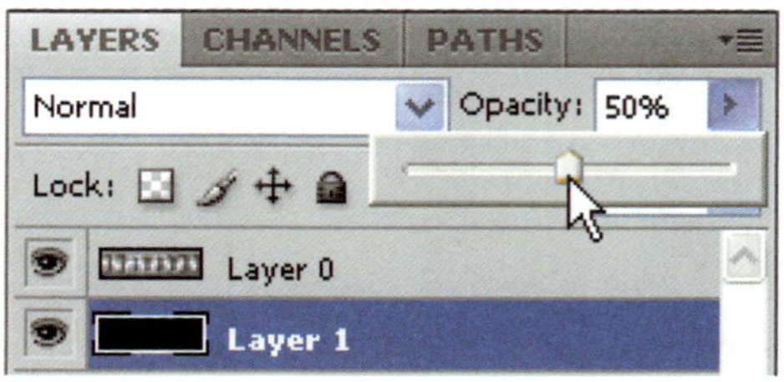

图4-18　调整层的透明度参数

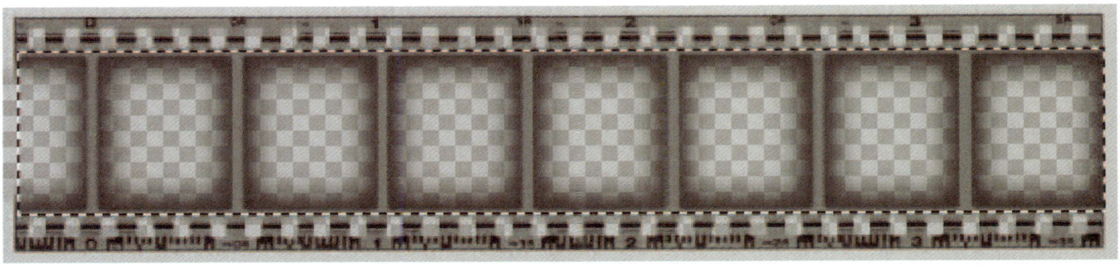

图4-19　选择暗格区域

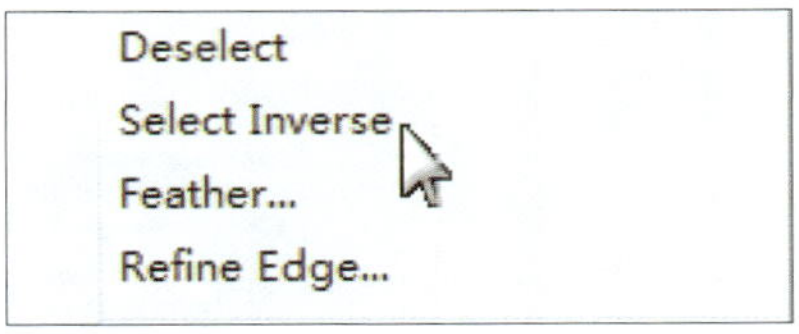

图4-20　选择【Select Inverse】命令

图4-21　反选后删除图像效果

09 选择工具面板中的【Crop Tool】工具，如图4-22所示，选择胶片区域，如图4-23所示，按【Enter】键剪裁图片。选择【Image】>【Canvas Size】命令，如图4-24所示，弹出【Canvas Size】对话框，如图4-25所示，设置【Width】为“35.34”（原参数两倍长度），设置【Anchor】（图片形式）为“居中靠前”，单击【OK】按钮完成设置。

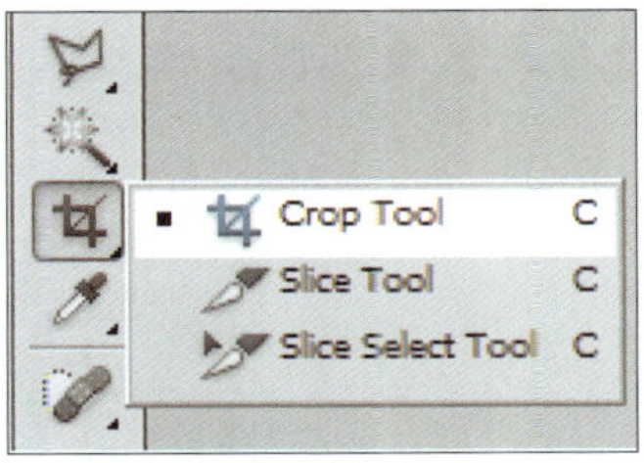

图4-22　选择【Crop Tool】工具

图4-23　选择需要保留图像的区域

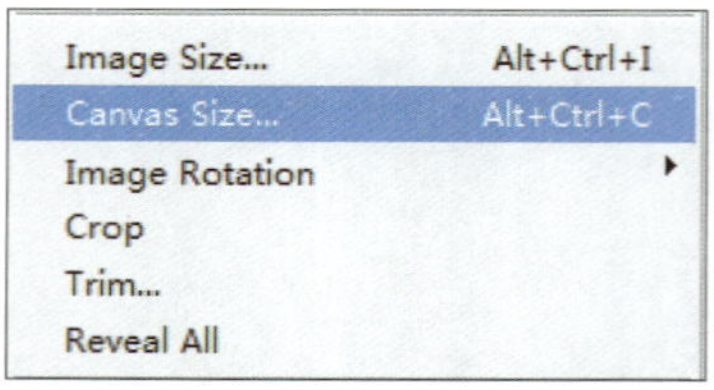

图4-24 选择【Canvas Size】命令

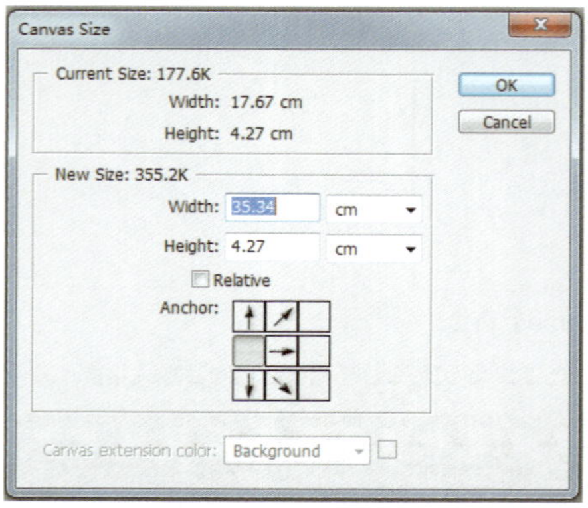

图4-25 设置素材长度参数

10 在【LAYERS】编辑区右击“Layer 0”层，在快捷菜单中选择【Merge Down】命令，合并图层，如图4-26所示。选中合并后的层文件，按住鼠标左键向下拖曳至新建图层按钮上，释放鼠标，复制粘贴新的图层“Layer 1 Copy”，如图4-27所示。选择工具面板中的【Move Tool】工具，按住【Shift】键平移层“Layer 1 Copy”文件至右侧，加长胶片的长度。按【←】或【→】键调整层的细微位置，右击“Layer 1 Copy”层文件，在快捷菜单中选择【Merge Down】命令合并图层，效果如图4-28所示，按【Ctrl+S】键保存文件至硬盘，完成素材的制作。

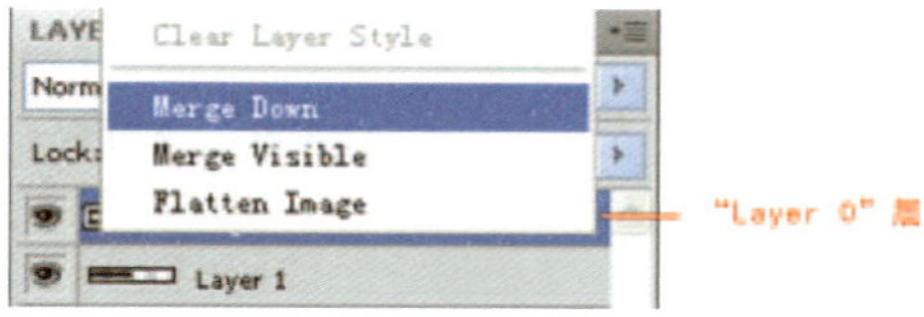

图4-26 合并层

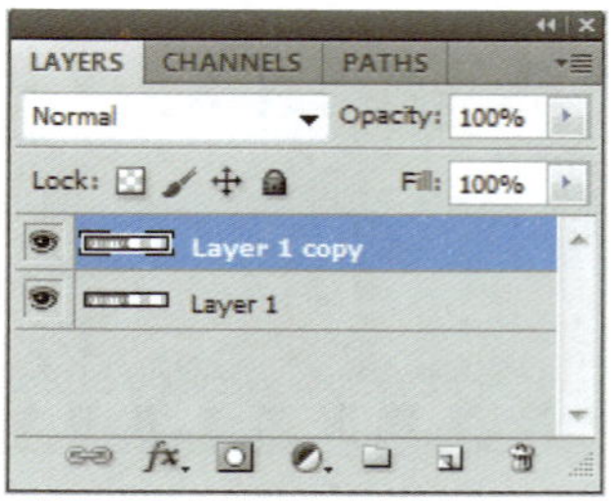

图4-27 复制粘贴图层

图4-28 胶片素材制作完成效果

新建工程文件导入素材

11 启动After Effects CS5，在引导页对话框中选择【New Composition】选项，弹出【Composition Settings】对话框，将【Composition Name】命名为“sc4”，设定【Preset】为“PAL D1/DV”，设定【Resolution】为“Full”，设定【Duration】为“0:00:10:00”，如图4-29所示。单击【OK】按钮完成项目工程文件的设置，按【Ctrl+S】组合键将项目文件命名为“sc4.aep”并保存至硬盘。

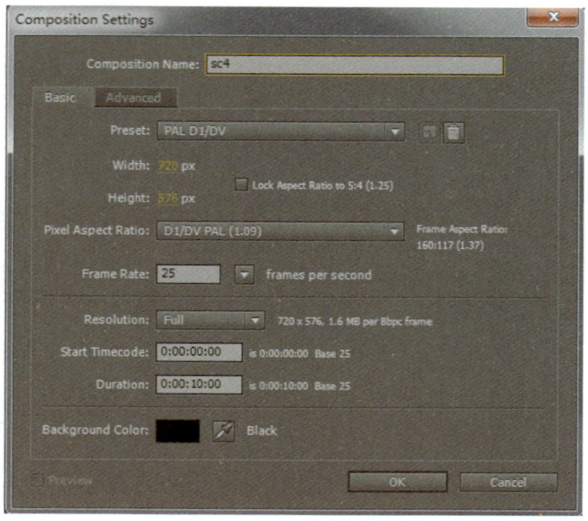

图4-29 设置项目工程文件参数

12 选择【File】>【Import】>【File】命令，弹出【Import File】对话框，选择“模块04\素材”路径下的PSD格式的素材文件，如图4-30所示，选择【Straight-Unmatted】模式，单击【OK】按钮完成素材的导入。

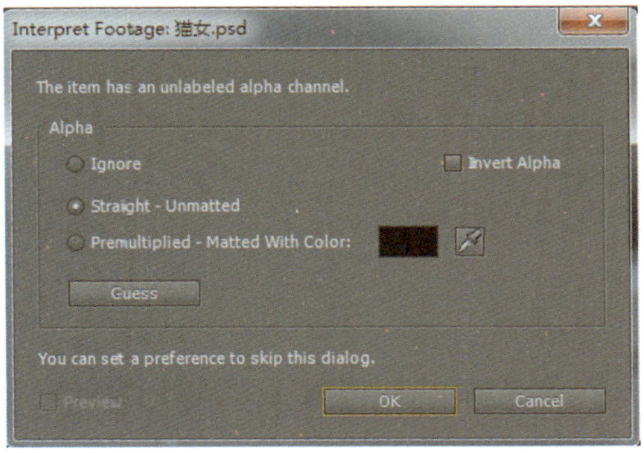

图4-30　选择PSD图片导入模式

13 单击激活时间线编辑区，按【Crtl+Y】组合键，弹出【Solid Settings】对话框，设置【Color】为黑色，如图4-31所示。单击【OK】按钮建立一个新的固态层。按【Ctrl+S】组合键保存工程项目文件至硬盘。

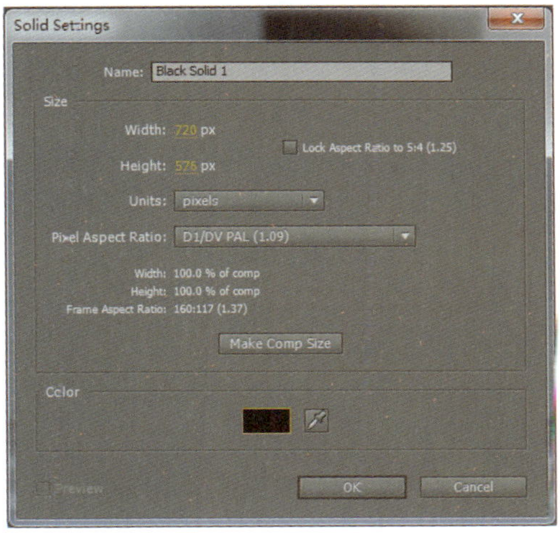

图4-31　设置【Color】

模拟设置灯光效果并设定关键帧动画

14 在时间线编辑区选中【Black Solid 1】层，选择【Effect】>【Knoll Light Factory】02>【Light Factory LE】命令，添加该插件特效。如图4-32所示，在特效编辑区中调整该特效的参数，将【Brightness】调整为“112.0”，将【Light Source Location】调整为“438.0，280.0”，将【Flare Type】调整为“Warm Sun Flare”模式，单击【Color】选项中的色彩选择按钮，弹出【Color】对话框，调整【R】参数为“21”、【G】参数为“160”，如图4-33所示，单击【OK】按钮完成灯光颜色的设定，效果如图4-34所示。

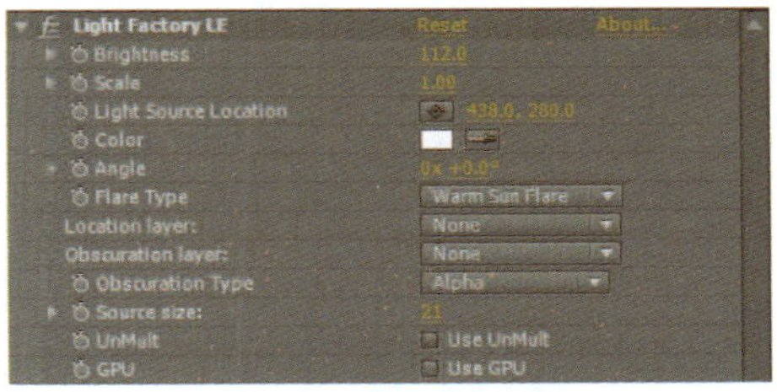

图4-32　设置插件参数

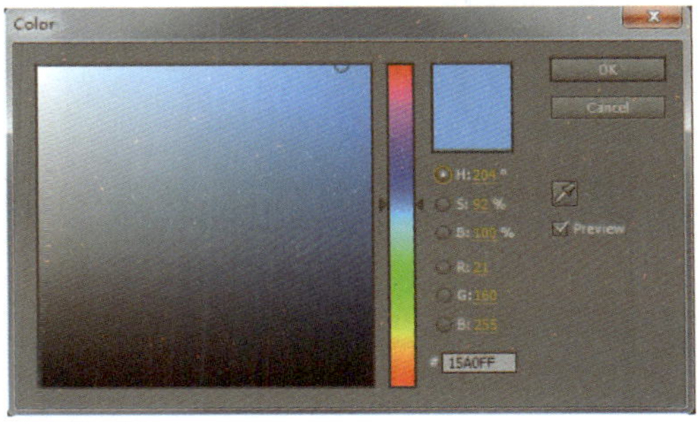

图4-33　设置“灯光”的颜色

图4-34　调整设置后的“灯光”效果

15 在特效编辑区中任意空白处右击鼠标，弹出快捷菜单，如图4-35所示，选择【Light Factory EZ】选项，再次添加这个插件，如图4-36所示，将【Brightness】调整为“128.0”，将【Light Source Location】调整为“606.0，336.0”，将【Flare Type】调整为“Warm Sun Flare”模式。单击【Color】选项中的色彩选择按钮，弹出【Color】对话框，设置【R】为“18”、【G】为“108”。单击【OK】按钮，完成灯光颜色的设定，效果如图4-37所示。

图4-35 选择【Light Factory EZ】选项

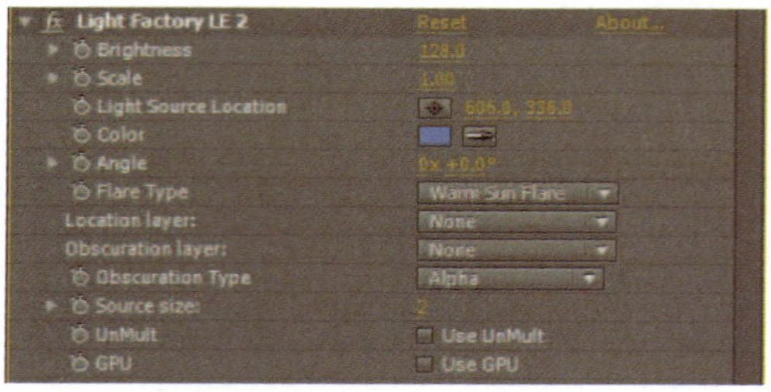

图4-36 设置第二个插件参数

图4-37 添加第二个“灯光”后效果

16 将时间线光标调整至第0帧处，在特效编辑区中设置第一个插件的动画效果，如图4-38所示，单击【Brightness】和【Angle】前的关键帧记录器将其激活，并记录当前参数值。在时间线编辑区中将时间线光标移至最后一帧处，返回特效编辑区，设置【Brightness】参数为“100.0”，设置【Angle】参数为“0×+60.0 °”，如图4-39所示。

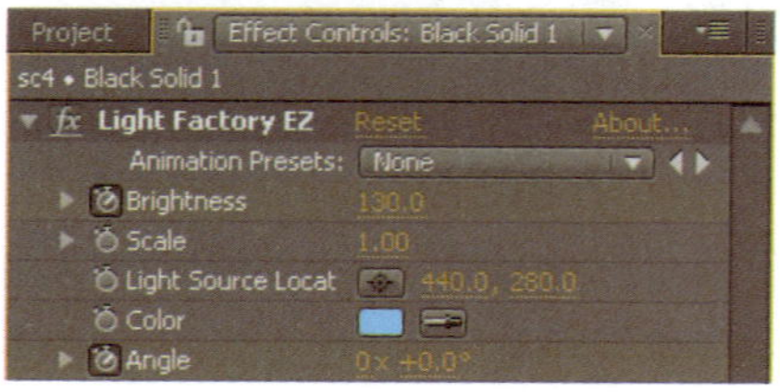

图4-38 激活关键帧记录器

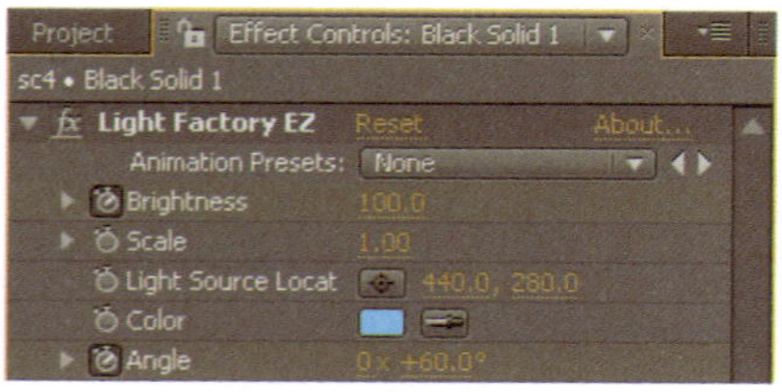

图4-39 设置关键帧参数

17 将时间线光标分别调整至第2秒、第4秒、第6秒和第8秒处，将【Brightness】参数分别调整为“156.0”、“112.0”、“156.0”、“112.0”，按数字键盘【0】键预览“灯光”模拟效果，按【Ctrl+S】组合键保存工程项目文件。将时间线光标调整至第0帧处，在特效编辑区中设置第二个插件特效的动画效果，如图4-40所示，单击【Brightness】和【Angle】之前的关键帧记录器将其激活，并记录当前参数值。将时间线光标移至最后一帧处，设置【Brightness】参数为“140.0”，设置【Angle】参数为“0×+85.0° ”，如图4-41所示。

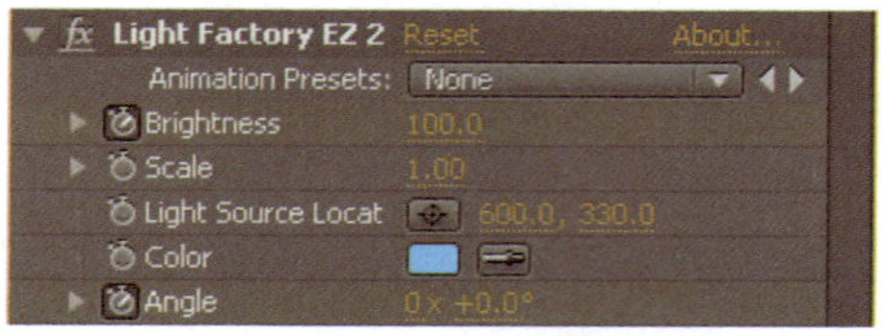

图4-40 设置第二个插件特效的关键帧参数

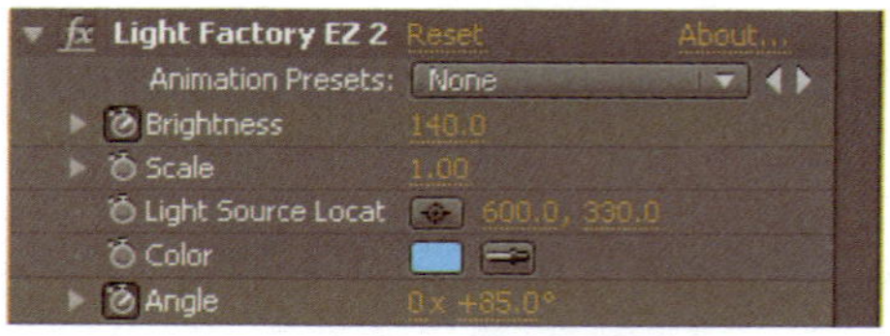

图4-41 设置最后一帧关键帧参数

18 再将时间线光标分别调整至第2秒、第4秒、第6秒、第8秒处，将【Brightness】参数分别调整为“78.0”、“128.0”、“78.0”、“128.0”，按数字键盘【0】键预览“灯光”的模拟效果，按【Ctrl+S】组合键保存工程项目文件。

设置“胶片”素材动画效果

19 在【Project】素材管理区中选中素材 “底片素材”，并将素材拖至窗口下方的按钮上，如图4-42所示，建立一个与素材尺寸大小相同的合成窗口。选择【Composition】>【Composition Settings】命令，在弹出的【Composition Settings】对话框中设置【Duration】为“0:00:10:00”，单击【OK】按钮完成设置，在时间线编辑区中拖动素材后方并将其拉长，调整素材长度与时间线时长保持一致03。

图4-42　建立胶片素材合成窗口

20 在时间线编辑区中选中素材，按【Ctrl+D】组合键复制一个新层，选中层1文件按【P】键，打开【Position】属性，调整参数为“7200 0，288.0”。选中层2文件按【P】键，将时间线光标移至第0帧处，分别单击两个层【Position】前的关键帧记录器将其激活，将时间线光标移至第20帧处，将层1文件的【Position】属性参数设置为“2400.0，288.0”，将层2文件的【Position】属性参数设置为“-2400.0，288.0”，如图4-43所示。

图4-43　关键帧参数值

21 在时间线编辑区中选择【sc4】合成窗口，如图4-44所示，在【Project】素材管理区将【底片素材】合成窗口拖至【sc4】窗口中。按【S】键调整参数为“12.0%”，按【R】键调整参数为“0×+90.0°”，按【P】键调整参数为“550.0，288.0”，如图4-45所示。

图4-44　选择【sc4】合成窗口

图4-45　参数设置调整

22 单击时间线编辑区下方的 Toggle Switches / Modes 按钮，单击叠加模式按钮，如图4-46所示。选择【Silhouette Alpha】模式，如图4-47所示，效果如图4-48所示。

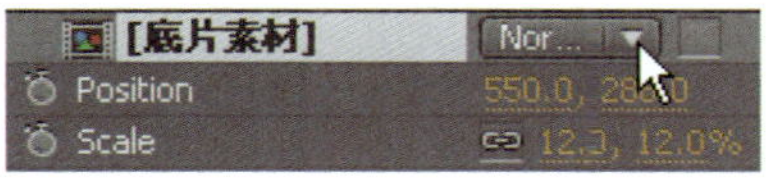

图4-46　激活关键帧记录器

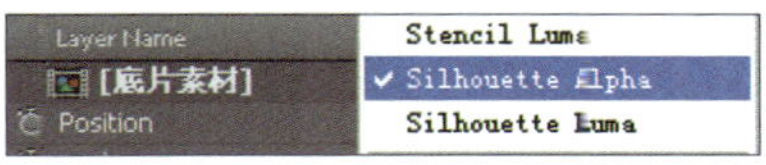

图4-47　设置关键帧参数

图4-48　胶片素材处理效果

23 选择【Rectangle Tool】工具，如图4-49所示，在预览窗口中按住鼠标左键为底片素材层上绘制“遮罩”，效果如图4-50所示。在时间线编辑区选中该层，按【F】键调整“遮罩”【Mask Feather】的参数值，如图4-51所示，单击数值前的按钮取消数值调整关联，调整第一个参数为“700.0”，效果如图4-52所示，按【Ctrl+S】组合键保存工程项目文件。

图4-49　【Rectangle Tool】工具

图4-50　绘制遮罩效果

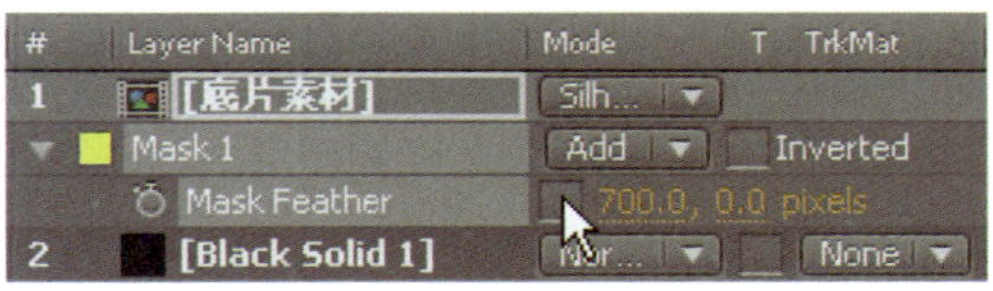

图4-51　调整遮罩参数

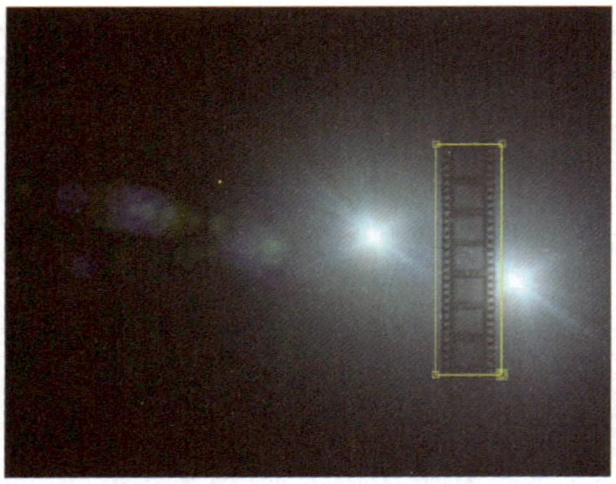

图4-52 遮罩调整效果

设置箭头动画效果

24 在【Project】素材管理区将“细箭头”素材拖至时间线编辑区中层1位置，按【P】键，调整参数为“360.0, 370.0”，按【Ctrl+Shift+C】组合键，弹出【Pre-compose】对话框，如图4-53所示，合并层，双击合并层进入时间线编辑区。

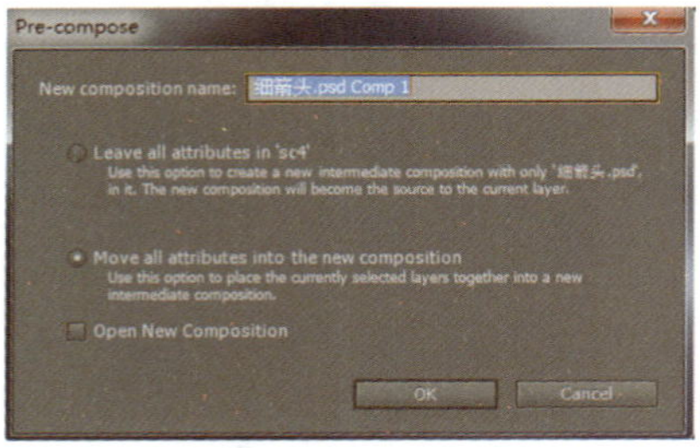

图4-53 合并层

25 选择【Layer】>【New】>【Light】05命令，弹出【Light Settings】窗口，选择【Light Type】为【Spot】，单击【OK】按钮建立一个灯光层。单击时间线编辑区左下角的按钮激活层扩展属性栏，单击层2文件前锁定按钮将其关闭，如图4-54所示，在扩展属性栏中单击三维属性将其激活，如图4-55所示。

图4-54 解锁层文件为可编辑状态

图4-55 三维属性按钮

26 单击该层前的三角图标按钮展开其选项，调整【Material Options】中【Specular】的参数为“78%”，调整【Shininess】的参数为“1%”，如图4-56所示，调整后的效果如图4-57所示，按【Ctrl+S】组合键保存工程项目文件。

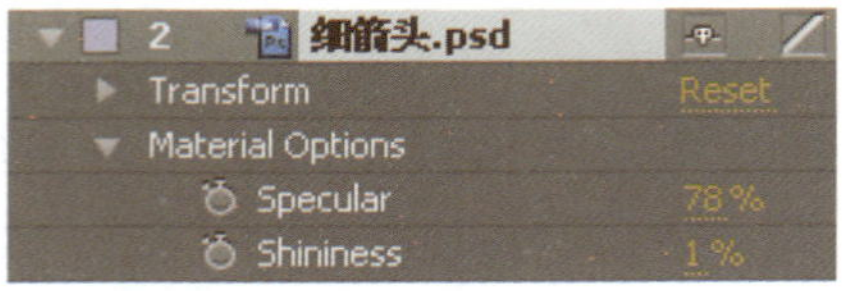

图4-56 设置参数

图4-57 设置灯光后效果

27 在【Project】素材管理区选中素材“移动箭头”，并将素材拖至窗口下方的按钮处，建立一个与素材尺寸相同的合成窗口。选择【Layer】>【New】>【Light】命令，弹出【Light Settings】窗口，选择【Light Options】为【Spot】，单击【OK】按钮，建立一个灯光层。设置两个层的参数如图4-58所示，调整后的效果如图4-59所示。

图4-58 参数调整数值参考

28 在时间线编辑区中选中层2文件，按【Crtl+D】组合键三次复制出三个新层，如图4-60所示，分别调整各层的【Position】参数并在第0帧处激活关键帧记录器。将时间线光标移至最后一帧处，调整【Position】参数如图4-61所示。

图4-59　设置灯光后效果

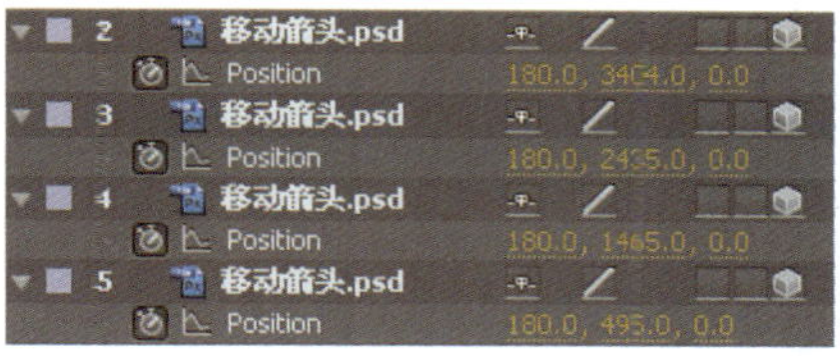

图4-60　复制层

图4-61　尾帧参数值

29 在时间线编辑区中，选择【sc4】合成窗口，在【Project】素材管理区中将【移动箭头】合成窗口拖至【sc4】中层1位置。按【S】键调整参数为“57.0%”，按【R】键调整参数为“+90°”，选择【Rectangle Tool】工具，在预览窗口中按住鼠标左键为素材层上绘制“遮罩”。在时间线编辑区选中该层，按【F】键调整“遮罩”的【Mask Feather】参数，如图4-62所示，取消关联后调整第二个参数为“500.0”，效果如图4-63所示。

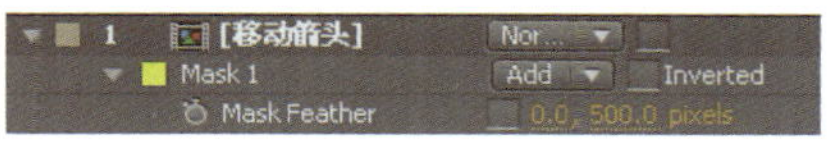

图4-62　调整参数并记录关键帧

图4-63　遮罩效果

30 将【Project】素材管理区中的“猫女”、“蜘蛛侠”素材按顺序拖至时间线编辑区，顺序如图4-64所示，最后效果如图4-65所示。按【Ctrl+S】组合键保存工程项目文件，完成该片头这一阶段的制作。

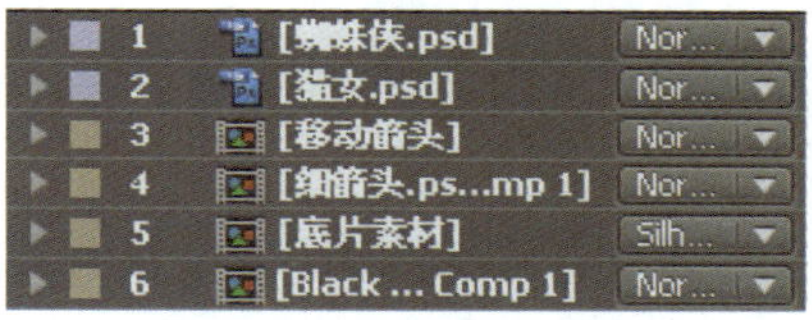

图4-64　拖入素材并调整顺序

图4-65　导入多个素材文件后的效果

通过以上各步骤，基本完成了新动影擎几个主要元素的动画设置。将不同元素添加至一个镜头内时，其色彩搭配与镜头构成都需要精心策划；在元素选择上要秉承符合主题的原则。在处理其他镜头时，需要事先做好构思工作，通过草稿设计出最终效果。在项目制作中对元素的把握和处理是至关重要的，也就是说设计与应变能力高于软件操作，在下一模块中将继续完成这个片头镜头处理。

知识点拓展

01 透明通道

（1）概念

“透明通道”的概念可以简单地理解为记录图片或图像透明信息的一种载体。以黑白图像[a]形式存在就没有其独立的意义，只有在依附于其他图像存在时才能体现其功能，也称“Alpha通道”。如图4-66所示为带有透明通道的图片与其他图片叠加的效果对比。

图4-66 “透明通道”图片对比

（2）导入PSD文件为图层

以图4-67为例，它是RGB图像，在通道栏中可以看到其透明通道（Alpha）信息[b]，如图4-68所示。

经验

ⓐ带有“透明通道”信息的图片，其表现为黑白图像形式时，黑色区域为透明，白色区域为不透明，灰色区域为半透明。灰色越深也就说明其透明度越高，反之透明度越低，如图4—67所示。

图4-67 “透明通道”

透明通道在影视后期合成中是一个非常重要的概念，如抠像、素材组合、Mask应用等。在After Effects中创建的文字图层等会自动生成通道。

另外，After Effects在将带有透明通道信息的图像存储为图片格式时，需要选择能够保存透明通道信息的格式。值得注意的是，生成视频素材时，通道信息不能被保存。

经验

ⓑ带有透明通道的图片一般常用的储存格式为PSD、TGA、PNG和TIFF等。

After Effects

Premiere

图4-68　带有透明通道的RGB图像

02【Knoll Light Factory】第三方插件的安装

After Effects内置的特效有时候并不能满足项目制作，很多公司开发了大量的第三方插件，加强该软件的制作能力，本模块任务一中的【Knoll Light Factory】特效是一组制作灯光特效的插件。

打开"模块04\插件\KLF_Win_Full\Knoll Light Factory\After Effects\After Effects CS5"ⓒ安装文件，进入安装界面，根据提示完成安装。

03 时间线编辑区内素材剪辑操作

（1）改变素材持续时间

如图4-69所示的时间线编辑区中区域具有基本的剪辑功能，可以对素材进行剪切、排列、调整动画曲线等处理，当鼠标移至素材开始或结尾处，将出现提示光标，可以拉长或缩短素材，改变素材的持续时间ⓓ。【Comp】作为层素材文件嵌套至其他合成窗口中时，素材长度受其本身客观时间长度影响，不能随意改变素材播放时间，视频素材也是如此。

图4-69　时间线素材剪辑区域

（2）时间线光标基本操作

除了本书前面内容涉及的调整时间线光标位置的几种方法外，按【I】键到达选中层最前帧，按【o】键到达最后一帧ⓔ。按【Ctrl+←】组合键或【Ctrl+→】组合键可向前或向后单帧移动时间线光标。

选择【Edit】>【Split Layer】命令，打断素材并生成新的层，效果如图4-70所示。选中多个层使用该命令，可同时打断被选中的素材。

经验

ⓒ光盘中附带的插件为试用版。另外一些其他插件根据插件类型的不同，安装方法也可能不同。

技巧

ⓓ按【[】键可以让素材至时间线光标所在处开始，剪切掉前面的素材（设置入点），按【]】键可以让素材至时间线光标所在处结束，剪切掉后面的素材（设置出点）。

选中多个层按【[】键，可同时定义被选中素材的入点对齐时间线光标，按【]】键可为出点对齐时间线光标。

技巧

ⓔ按【Home】或【End】键可到达剪辑区开始或结尾处，按【Pageup】键向上一帧，按【Page Down】键向下一帧，按【Shift+Ctrl+←】组合键或【Shift+Ctrl+→】组合键可向前或向后移动10帧位置。

图4-70　打断素材生成新层

(3) 素材排列

当时间线编辑区中有多个素材时，选中所有素材，选择【Animation】>【Keyframe Assistant】>【Sequence Layers】命令，弹出【Sequence Layers】[f]对话框，如图4-71所示，单击【OK】按钮，在默认状态下素材将自动首尾衔接排列，效果如图4-72所示。

> **经验**
>
> ⓕ在【Sequence Layers】对话框中选中【Overlap】复选框，激活其选项设置，【Duration】设置素材叠加的时间，【Transition】设置素材叠加方式，其中【Off】为硬切效果，其他两个选项为叠化效果。
>
> 选择叠化效果后，层属性中会添加透明度关键帧动画效果。

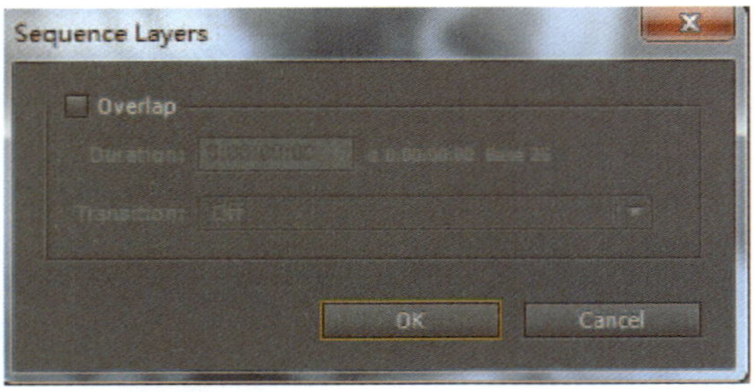

图4-71　【Sequence Layers】对话窗

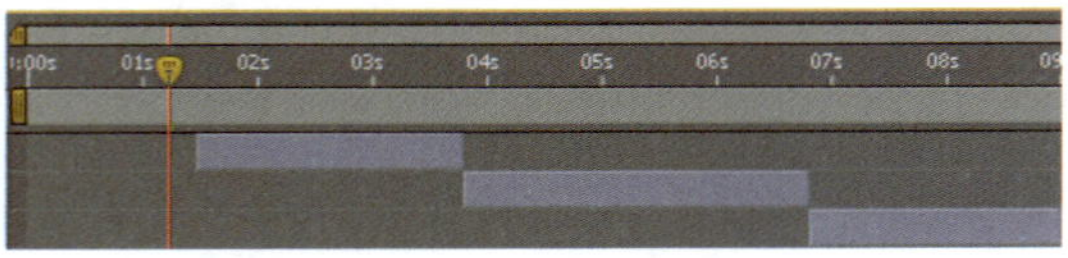

图4-72　自动排列素材

使用【Sequence Layers】命令时，排列顺序默认为层顺序。若需要指定顺序，按住【Shift】键，按照预定顺序单击素材即可重新排列素材。

04【Rectangle Tool】工具

使用【Rectangle Tool】工具可以在预览区中为选中层素材绘制规则形状[g]的【Mask】，也称为“遮罩”或“蒙版”。绘制遮罩后，选框内的图像为显示状态，而选框外的图像则会被屏蔽，并产生透明通道。为图像绘制遮罩后，在时间线编辑区展开其属性编辑栏，如图4-73所示。

> **经验**
>
> ⓖ【Rectangle Tool】工具可绘制四方形、带有倒角的四方形、圆形遮罩，按住【Shift】键拖动鼠标可绘制正方形或正圆形，在绘制遮罩图形的过程中按【Ctrl】键，将以绘制开始点为中心绘制遮罩。
>
> 另外该工具还可以绘制多边形以及五角星形图案。
>
> 使用【Pen Tool】工具可绘制不规则形状的【Mask】。其中【Convert Vertex Tool】工具可绘制曲线【Mask】。

图4-73　Mask属性参数介绍

图4-73中【Mask Path】为遮罩的区域，单击【Shape】可弹

出其编辑对话框，【Mask Feather】为边缘羽化值设置，【Mask Opacity】为遮罩选区图像的透明度设置，【Mask Expansion】为扩展或收缩选区图像像素。这些参数都可以设置关键帧动画。另外选中【Inverted】复选框可将遮罩反向选择[h]。

同一层图像上可绘制多个【Mask】。在【Mask】选项可以设置其混合模式，可以调整图层间遮罩的相互影响作用，默认状态为【Add】，单击该按钮，弹出混合模式选择菜单，如图4-74所示，其中【None】为无遮罩形式，【Add】为相加模式，【Subtract】为相减模式，【Intersect】为交叠模式，【Lighten】为变亮模式，【Darken】为变暗模式，【Difference】为差值模式。

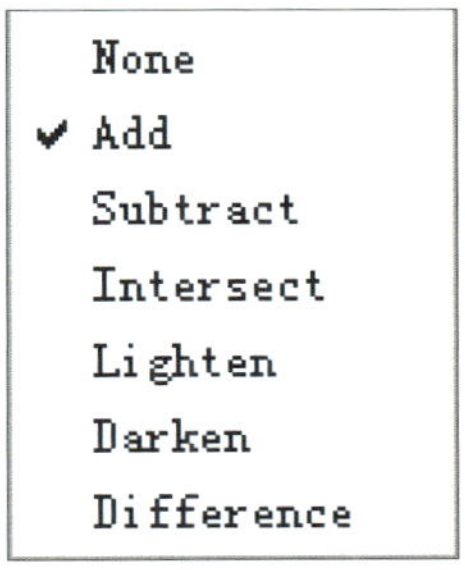

图4-74　遮罩混合模式菜单

遮罩是由点和点之间连接线来绘制图形的，选择【Selection Tool】工具，单击控制点可以调整遮罩的形状[i]，按住【Shift】键可选择多个控制点。选择【Pen Tool】工具，按住【Alt】键单击控制点，释放曲线编辑控制手柄，效果如图4-75所示，通过拖动手柄可调整遮罩的曲线形状，按住【Alt】键再次单击该控制点可恢复其形状[j]。

图4-75　释放曲线编辑控制

注意

ⓗ选中【Inverted】选项后，选框内的图像为屏蔽状态，选框外的图像则显示出来。

经验

ⓘ选中的控制点为实心状态，未选中的控制点为空心状态。“·”为遮罩闭合点。

选择【Selection　Tool】工具时，按住【Alt】键单击任意控制点，可选择全部控制点，按住鼠标左键拉出虚线选框可以选择多个控制点。

双击任意一个被选中的控制点，可弹出变形编辑框，调整遮罩的形状，按【Enter】键确定形状，按【Esc】键退出变形编辑框。

经验

ⓙ选择【Pen　Tool】工具后，将光标移至遮罩线框上光标上会出现“+”符号，单击线框可添加控制点。将光标移至控制点上光标上会出现“–”符号，单击控制点可将其删除。

选择多个控制点后按住【Alt】键单击任意一个被选中的控制点，可同时释放其曲线编辑控制手柄。

05 【Light】灯光层

选择【Layer】>【New】>【Light】命令，弹出【Light Settings】ⓚ对话框，如图4-76所示。

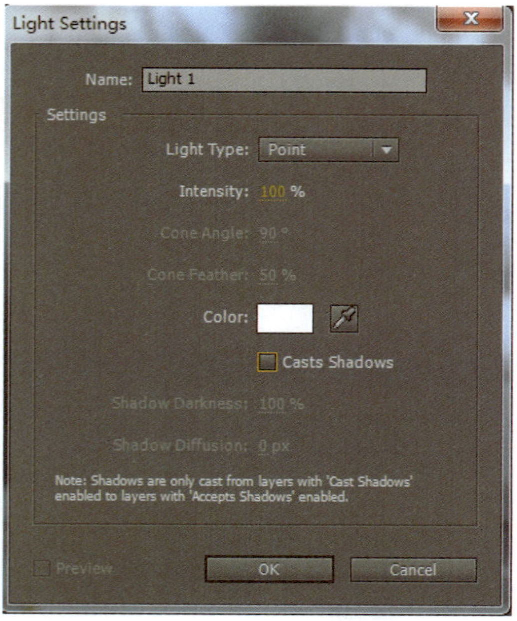

图4-76 【Light Settings】对话框

在【Settings】选项区中，【Light Type】①为灯光的模式，【Intensity】为灯光强度设置，【Cone Angle】为灯光角度设置，【Cone Feather】为灯光羽化值设置，【Color】为灯光颜色设置。选中【Casts Shadows】复选框，激活其选项，【Shadows Darkness】为阴影的明暗度，【Shadows Diffusion】为阴影漫射，可以理解为阴影的扩散。

注意

ⓚ新建灯光层后，其作用的目标层需要在层属性扩展中激活三维模式。

灯光作用目标层激活三维模式后，层属性编辑中会出现相应的【Material Options】参数设置，可以调整灯光的效果或设置关键帧动画。

经验

①【Light Type】中包括【Parallel】平行灯光、【Spot】聚光灯、【Point】点光以及【Ambient】环境灯四种模拟光源模式。

独立实践任务（3课时）

任务二　制作学校宣传小片头

任务背景

以学校宣传为目的，制作长度为5秒的小片头，应用于教学视频或学校宣传片前引导片。

任务要求

- 以突出教育或学校应用为目标，通过平面素材的动画设置，制作出一条小片头，要求符合学校这一特殊机构的特色，片头制作中应涉及遮罩、灯光层这两个技术点。
- 播出平台：多媒体。
- 制式：PAL制。

【技术要领】片头创意；素材准备；镜头合成；元素动画效果设置。

【解决问题】熟悉平面素材动画设置，掌握灯光层的应用，学会安装第三方插件。

【应用领域】影视后期。

【素材来源】无。

【效果展示】无。

任务分析

主要制作步骤

课后作业

1. 填空题

(1) 新建灯光层后，将效果作用至目标层需要在层属性扩展中激活 ______ 模式。

(2) "透明通道"的概念可以简单地理解为记录图片或图像透明信息的一种载体。以黑白图像形式存在没有其独立的意义，只有在依附于其他图像存在时才能体现其功能，也称为 __________ 。

2. 单项选择题

(1) 绘制遮罩后，选框内的图像为 ______ 状态，选框外的图像为 ______ 状态，并产生透明通道。

A. 屏蔽；屏蔽　　B. 屏蔽；显示

C. 显示；显示　　D. 显示；屏蔽

(2) "透明通道"表现为黑白图像形式时，灰色区域为半透明。灰色越深说明其透明度 ______ ，反之透明度 ______ 。

A. 越高；越低　　B. 越高；无影响

C. 越低；越高　　D. 越低；无影响

3. 多项选择题

(1) 关于遮罩控制操作下列描述正确的是 ______ 。

A. 选择【Selection Tool】工具，按住【Alt】键单击任意控制点可选择全部控制点

B. 选择【Selection Tool】工具，按住鼠标左键拖出虚线选框可以选择多个控制点

C. 选择【Pen Tool】工具，将光标移至遮罩线框上，光标上会出现"+"符号，单击线框可添加控制点

D. 选择【Pen Tool】工具，将光标移至控制点上，光标上会出现"-"符号，单击控制点可将其删除

(2) 关于调整时间线标位置的操作，下列描述错误的是 ______ 。

A. 在时间线编辑区输入数值定位时间线标的位置

B. 拖动时间线标改变其位置

C. 按【←】或【→】键调整时间线标的位置

D. 按【↑】或【↓】键调整时间线标的位置

05

模块

栏目片头制作
——新动影擎（下）

能力目标

掌握平面素材在影视片头中的应用

专业知识目标

1. 掌握使用Photoshop软件制作素材
2. 掌握透明通道以及灯光层概念

软件知识目标

1.插件特效的安装
2. Mask绘制方法与属性调整
3.层叠加概念与应用
4.时间线编辑区扩展属性

课时安排

6课时（讲课3课时，实践3课时）

任务参考效果图

模拟制作任务（3课时）

任务一　片头制作（下）

任务背景

《新动影擎》是新动传媒的一个栏目片头。由于新动传媒的标志是一个箭头和方框的组合，本任务将挑选其中的箭头元素作为贯穿整个片头的标志图形。前景中的箭头采取了金黄色，与偏黑的蓝色搭配时非常协调，也更能突出主体。

任务要求

通过后期制作软件的处理手段和技术方法，利用平面元素制作出一条能充分体现栏目内容以及新动传媒特色的片头。

播出平台：电视台。

制式：PAL制。

任务分析

因为我们要制作影视类栏目，所以必须突出影视的特点。镜头的设计思路是箭头在光线照射的背景上穿梭游弋，体现出新动传媒移动的特点。昏暗的电影院里放映机投射出的那束明亮晃动的光线和半透明的电影胶片是最为熟悉和经典的电影印象，在制作这个片头时选择了这两个元素作为组成片头动画的一部分。在色彩上，为了突出影院的画面感觉，背景统一处理成了黑色，加上蓝色调的背景灯光，加强影院的效果。

本案例的重点、难点

通过添加灯光层，调整项目中的元素使其符合片头要求。胶片素材分析与制作。

【技术要领】三维空间的架设；添加摄像机并设置关键帧动画；掌握文字工具的应用；掌握【Glow】与【Hue/Saturation】特效。

【解决问题】如何设置摄像机关键帧动画，文字特效的编辑和设置。

【应用领域】影视后期。

【素材来源】光盘\模块05\素材。

【效果展示】光盘\模块05\效果展示\新动影擎.avi。

操作步骤详解

三维场景的搭建

01 打开模块04的项目工程文件“新动影擎.aep”，选择【Layer】>【New】>【Camera】命令，弹出【Camera Settings】对话框[01]，如图5-1所示。在场景中创建摄像机，设置【Preset】为“Custom”，设置【Units】为“Millimeters”，设置【Measure Film Size】为“Horizontally”。单击【OK】按钮，如图5-2所示在时间线编辑区中添加摄像机层。

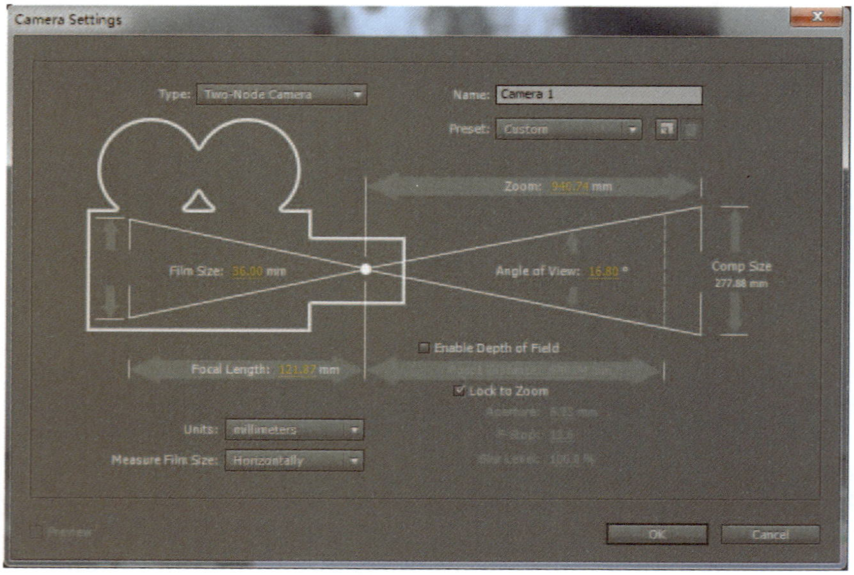

图5-1 【Camera Settings】对话框

图5-2 添加摄像机层

02 单击预览区【1 View】按钮，选择【2 views – Horizontal】选项，如图5-3所示。将预览区切换为双屏显示，可显示不同的视图，效果如图5-4所示。单击【Top】按钮，激活左视图，选择视图为【Top】，如图5-5所示。

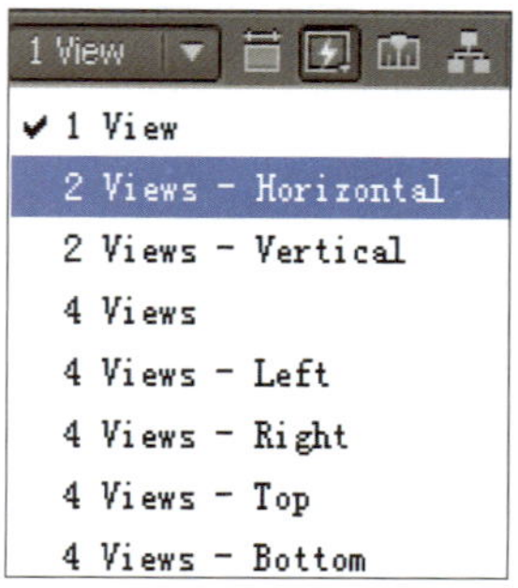

图5-3 视图选择显示菜单

图5-4　双屏显示

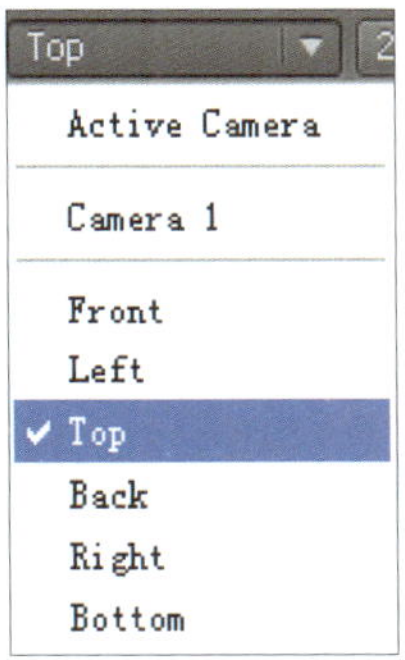

图5-5　背景色对话框

03 在时间线编辑区激活层2至层6文件，扩展属性中的三维开关，如图5-6所示。选中层1文件，按【P】键调整【Position】参数为“814.0，155.0，-746.0”，如图5-7所示。

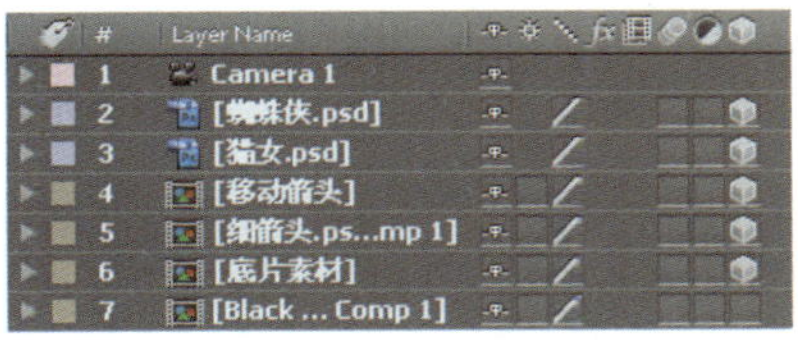

图5-6　激活层的三维属性

图5-7　调整摄像机的位置参数

04 在时间线编辑区中调整层文件的顺序，如图5-8所示。选中层5文件按住【Shift】键选中层6文件，按两次【Ctrl+D】组合键复制出4个新层，如图5-9所示。

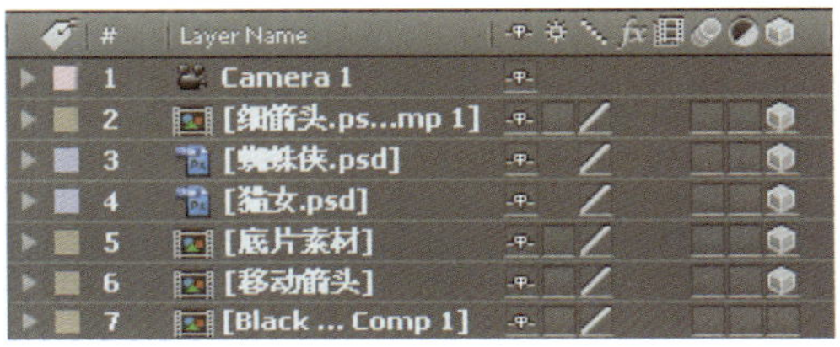

图5-8　调整层顺序

图5-9　复制层文件

05 选中层2文件，按【P】键，再按住【Shift】键后按【S】和【R】，调整【Position】参数为“385.0，288.0，−13.0”，调整【Scale】参数为“108.0，108.0，108.0”，调整【Y Rotation】参数为“0×−77.0°”，如图5-10所示。在两个视图中观察图层的位置和画面效果，如图5-11所示。

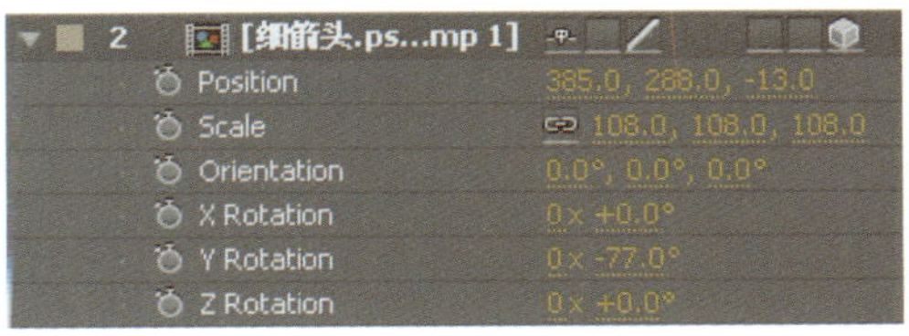

图5-10　调整层2文件参数

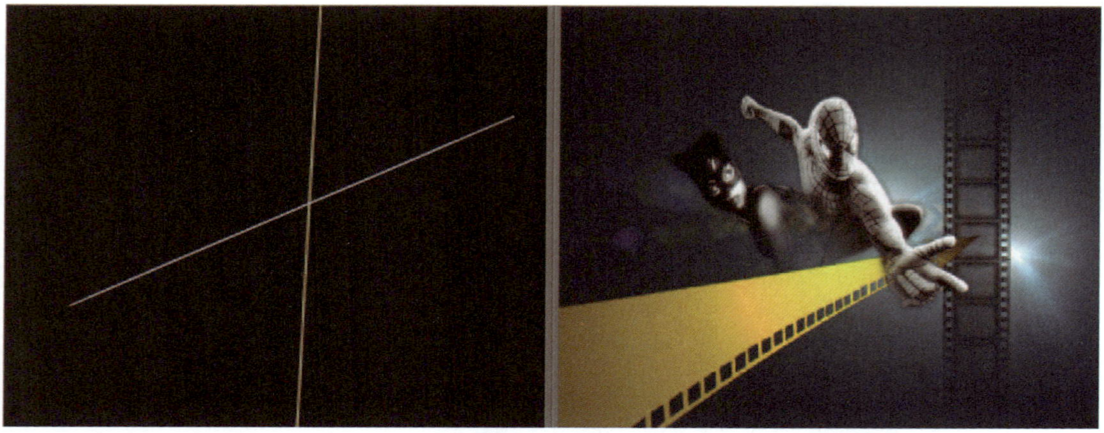

图5-11　层2文件调整后的效果

06 分别设置层3和层4的【Scale】和【Y Rotation】参数均为“74.0，74.0，74.0%”和“0×−22.0°”如图5-12所示。设置层5文件【Position】参数为“213.0，395.0，830.0”，【Scale】参数为“17.0，17.0，17.0%”，【X Rotation】参数为“0×−2.0°”，【Y Rotation】参数为“0×−1.0°”，【Z Rotation】参数为“0×+88.0°”，【Opacity】 参数为“88%”，如图5-13所示。

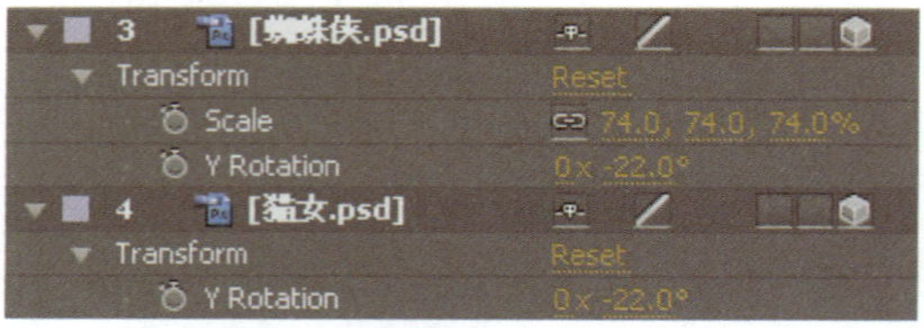

图5-12　调整层3和层4文件参数

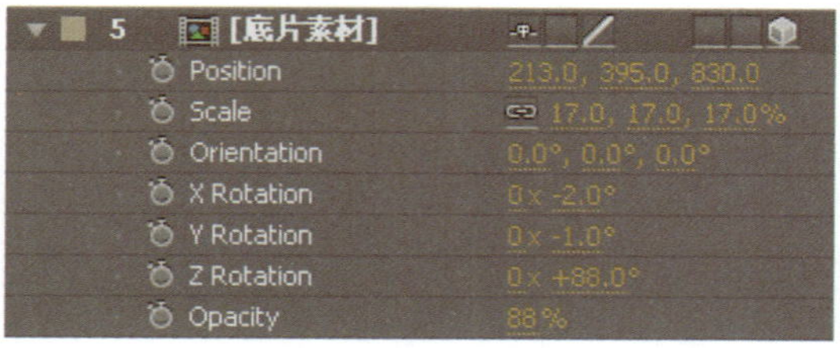

图5-13　调整层5文件参数

07 设置层6文件【Position】参数为“86.0，369.0，669.0”，【Scale】参数为“26.0，26.0，26.0%”，【X Rotation】参数为“0×−2.0°”，【Y Rotation】参数为“0×−47.0°”，【Z Rotation】参数为“0×+88.0°”【Opacity】 参数为“48%”，如图5-14所示。设置层7文件【Position】参数为“634.0，265.0，32.0”，【Scale】参数为“16.0，16.0，16.0%”，【Z Rotation】参数为“0×+87.0°”，【Opacity】 参数为“59%”，如图5-15所示。调整效果如图5-16所示。

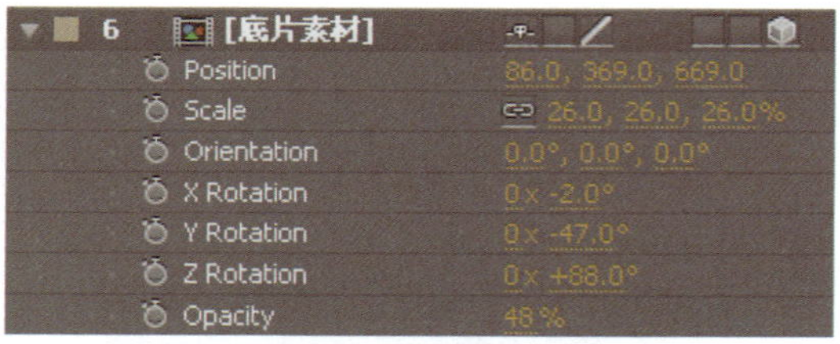

图5-14　层6文件参数设置

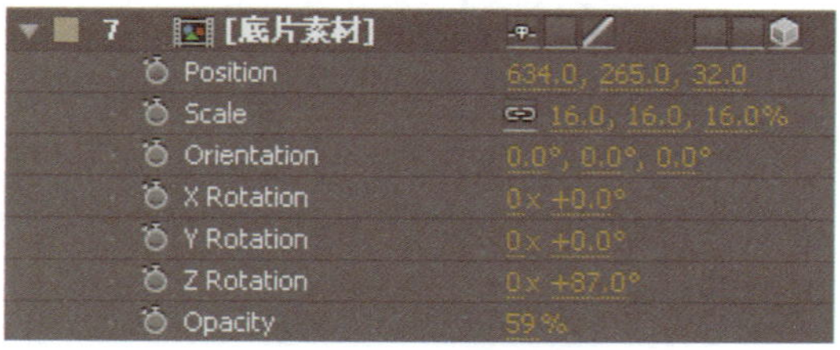

图5-15　层7文件参数设置

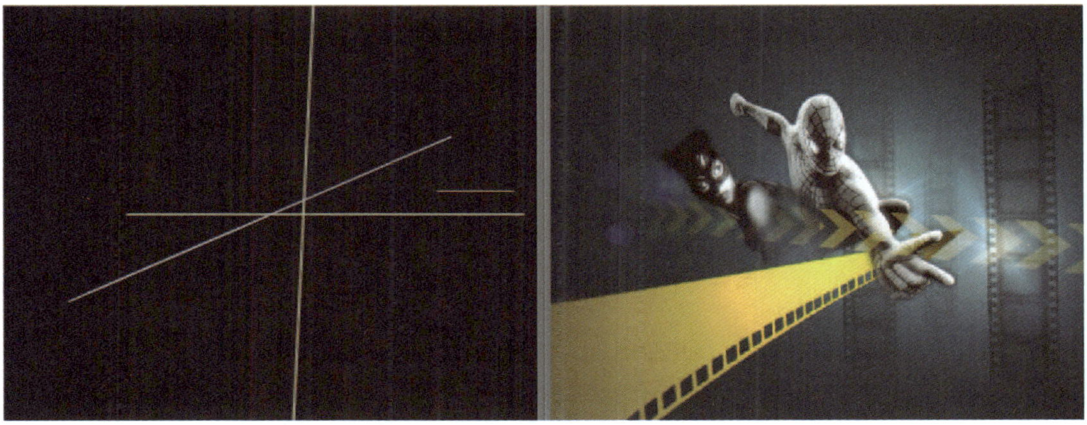

图5-16　层3至层7文件参数设置后效果

08 调整层8文件【Position】参数为“93.0，725.0，325.0”，单击打断【Scale】参数调整前的关联按钮，设置参数为“18.0，39.5，7.5%”，分别设置【Orientation】参数为“170.0°，49.0°，125.0°”，【X Rotation】参数为“0×+38.0°”，【Y Rotation】参数为“0×–1.0°”，【Z Rotation】参数为“0×–23.0°”【Opacity】 参数为“40%”，如图5-17所示。

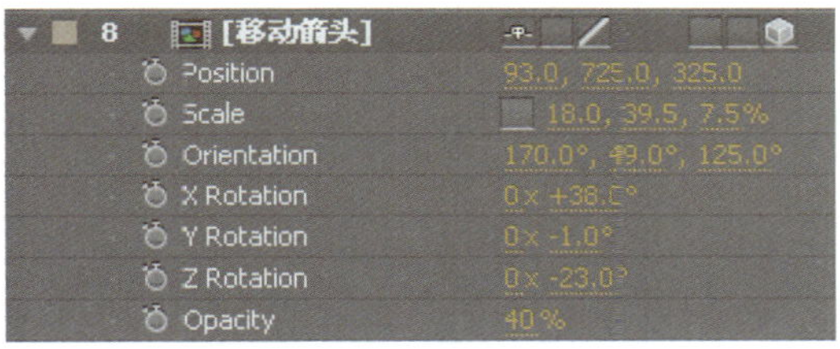

图5-17　层8文件参数设置

09 设置层9文件【Position】参数为“349.0，699.0，205.0”，【Scale】参数为“31.0，68.0，13.0%”，【X Rotation】参数为“0×+38.0°”，【Y Rotation】参数为“0×–1.0°”，【Z Rotation】参数为“0×–18.0°”，【Opacity】 参数为“64%”，如图5-18所示。

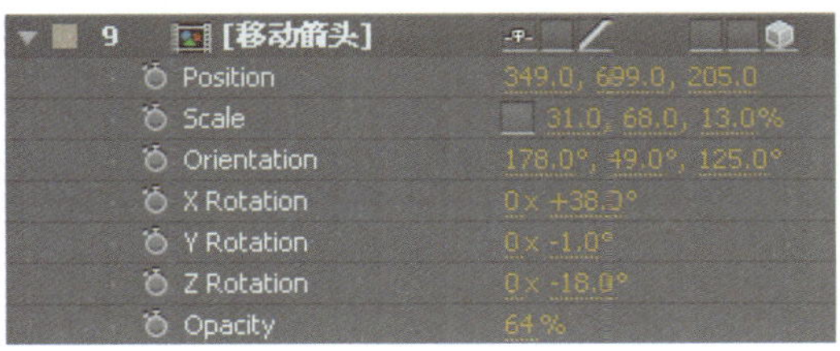

图5-18　设置层9文件参数

10 设置层10文件【Position】参数为“–211.0，404.0，363.0”，【Scale】参数为“23.0，52.0，10.0%”，【X Rotation】参数为“0×+38.0°”，【Y Rotation】参数为“0×+8.0°”，【Z Rotation】参数为“0×–34.0°”，【Opacity】 参数为“53%”，如图5-19所示。调整各层参数后的效果，如图5-20所示。按【Ctrl+S】组合键保存项目工程文件，结束三维场景的搭建工作。

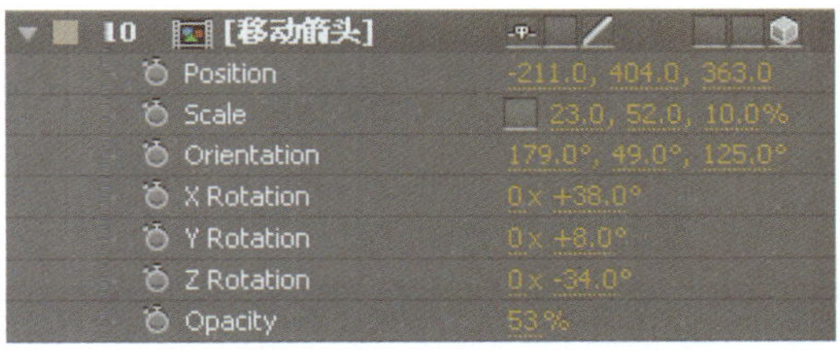

图5-19　设置层10文件参数

图5-20　调整各层参数后的效果

添加设置文字效果

11 在时间线编辑区中单击“细箭头.psd Comp 1”标签，进入编辑区内，如图5-21所示，选择工具栏中的【Horizontal Type Tool】 02 T 工具，在预览区内任意处单击激活文字输入光标，在时间线编辑区中输入新的文字层，如图5-22所示。

图5-21　设置项目工程文件参数

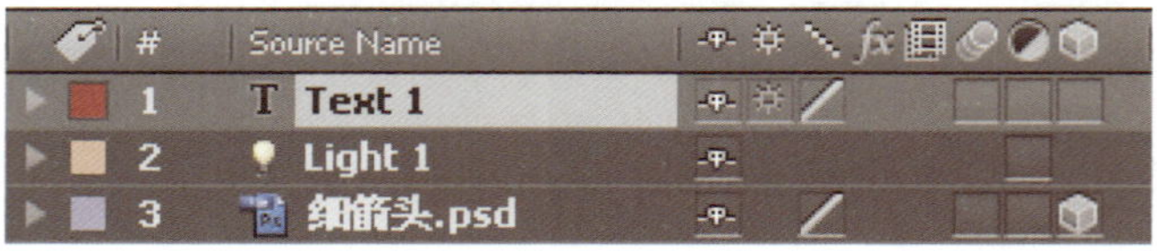

图5-22　新建文字层

12 在预览编辑区内输入文字“movie show”，如图5-23所示。选中所有文字，在预览区右侧的文字编辑区中设置其字体为黑体，字体大小参数为“63”，单击字体加粗按钮将其激活，如图5-24所示。在文字编辑区单击颜色设置按钮，弹出【Color】对话框，设置字体的颜色，如图5-25所示，单击【OK】按钮完成设置。

图5-23　输入文字

图5-24　设置文字的参数

图5-25　设置字体的颜色

13 分别选中字母“m”和“s”，设置其字体大小为“94”，如图5-26所示，调整后的文字效果如图5-27所示。

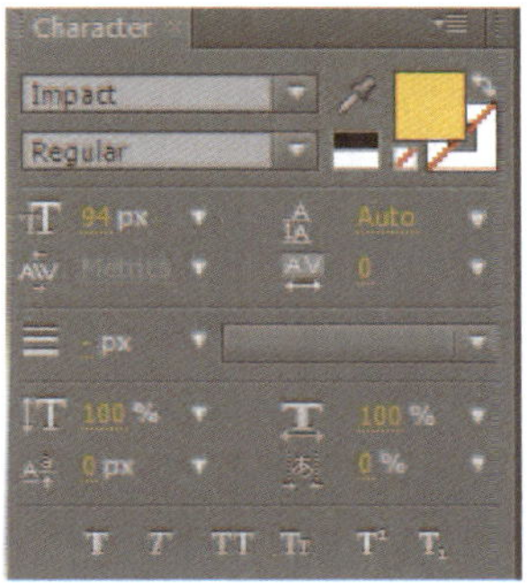

图5-26　设置字体大小

图5-27　调整后的文字效果

14 选择工具栏中的【Pen Tool】工具，保持时间线编辑区中文字层为选中状态，在预览区中沿着“箭头”上端边缘绘制一条路径[03]，并利用钢笔工具下的调整工具微调路径的曲线，使其符合箭头边缘的弧度，如图5-28所示。

图5-28　调整路径曲线弧度

15 在时间线编辑区激活文字层扩展属性中的三维属性，展开该层【Text】属性编辑，如图5-29所示将【Path Options】属性下的【Path】指定为“Mask 1”，效果如图5-30所示。

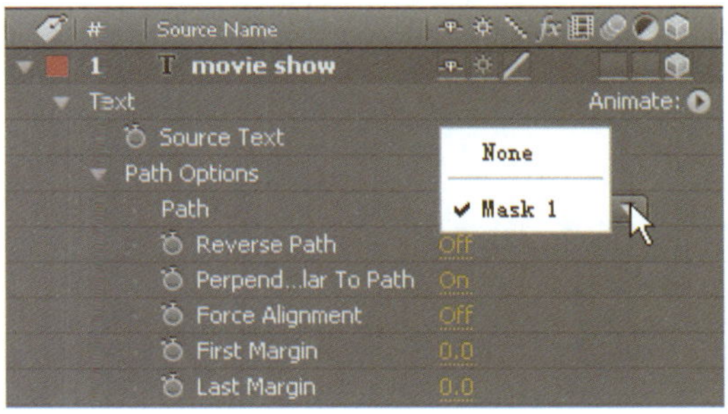

图5-29　调整层2文件参数

图5-30　层2文件调整后的效果

16 选择工具栏中的【Horizontal Type Tool】工具按钮，在预览区内任意位置处单击，激活文字输入光标，输入文字“NEW&MOBILE MEDIA”，如图5-31所示，在时间线编辑区创建一个新的文字层，选中所有文字，在文字编辑区中设置字体大小参数为“33”，其他参数保持与上一组文字参数相同，如图5-32所示。

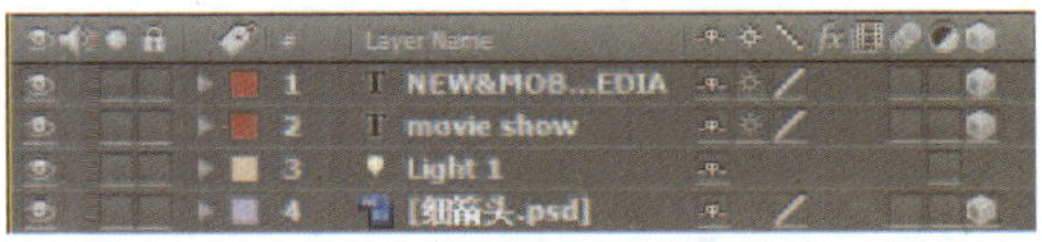

图5-31　创建新的文字层

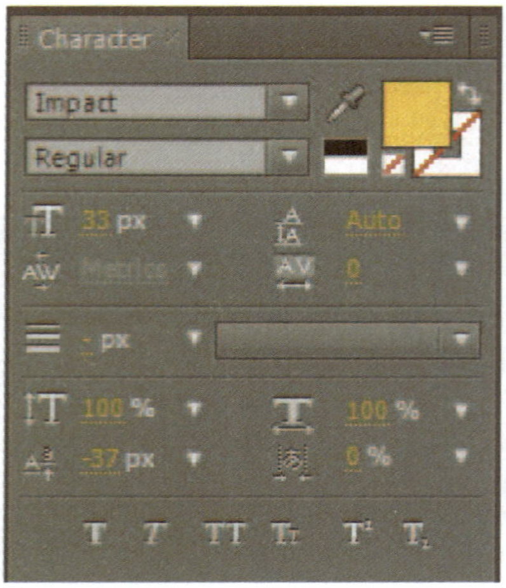

图5-32　调整层5文件参数

17 选择工具栏中的【Pen Tool】工具，保持时间线编辑区中新建的文字层为选中状态，在预览区中沿着“箭头”中间的位置绘制一条路径，如图5-33所示，在时间线编辑区激活该层扩展属性中的三维属性，展开该层的【Text】属性编辑，将【Path Options】属性下的【Path】指定为“Mask 1”。在文字编辑区中将文字的颜色设置为黑色，效果如图5-34所示。

图5-33　绘制并调整路径

图5-34　指定文字的路径及调整颜色

18 在时间线编辑区中将层3“灯光层”调整至层1文件位置，展开其参数属性，设置【Casts Shadows】为“On”激活投影效果，设置【Shadow Darkness】参数为“27%”，设置【Shadow Diffusion】为“40.0”，如图5-35所示。展开层2文件参数属性，将【Material Options】属性中的【Casts Shadows】设置为【On】，如图5-36所示。最终效果如图5-37所示，按【Ctrl+S】组合键保存项目工程文件，结束文字层的制作工作。

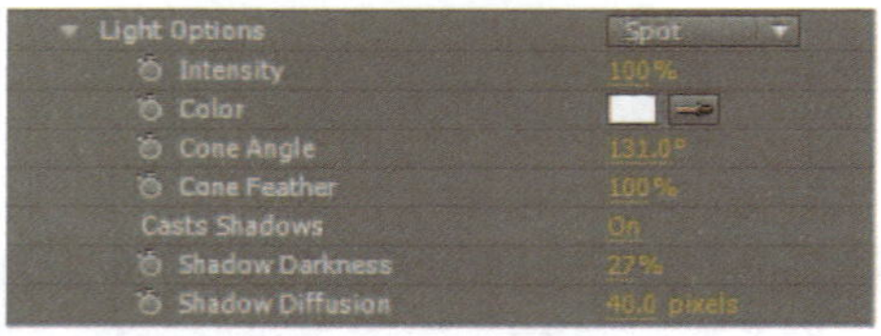

图5-35　灯光层参数调整

图5-36　设置层2文字的投影效果

图5-37　设置完成的文字层效果

综合调整设置镜头内各元素

19 在时间线编辑区中单击“sc4”标签进入编辑区，对【细箭头】进行调整使其更加具有纵深感。调整【Position】参数为“401.0，289.0，-43.0”，打断【Scale】关联并设置参数为“122.0，108.0，108.0”，设置【X Rotation】参数为“0×+4.0°”，【Y Rotation】参数为“0×-87.0°”，如图5-38所示。调整后的效果如图5-39所示。

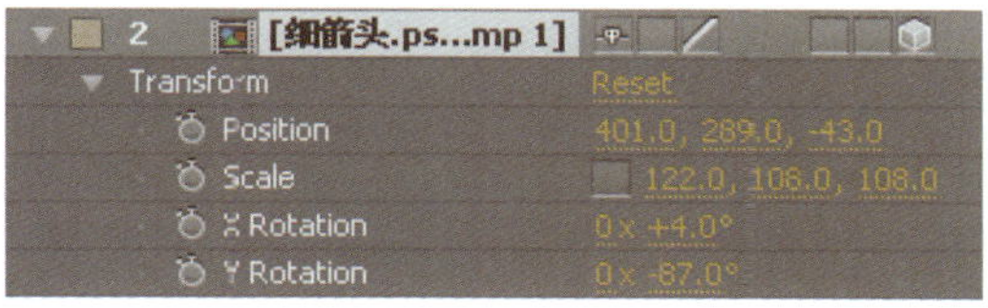

图5-38　对【细箭头】进行参数调整

图5-39　调整层2文件后效果

20 选中层3文件“蜘蛛侠”，选择【Effects】>【Stylize】>【Glow】[04]命令，在特效面板中调整【Glow】参数值，为图层添加光辉效果。设置【Glow Threshold】参数为“63.5%”，【Glow Radius】参数为“101.0”，设置【Glow Intensity】参数为“1.3”，如图5-40所示。调整后的效果如图5-41所示。

21 在特效编辑面板中选中特效，按【Ctrl+C】组合键复制特效，在时间线编辑区中选中层3文件“猫女”，按【Ctrl+V】组合键将特效粘贴至该层，添加特效后的效果如图5-42所示。

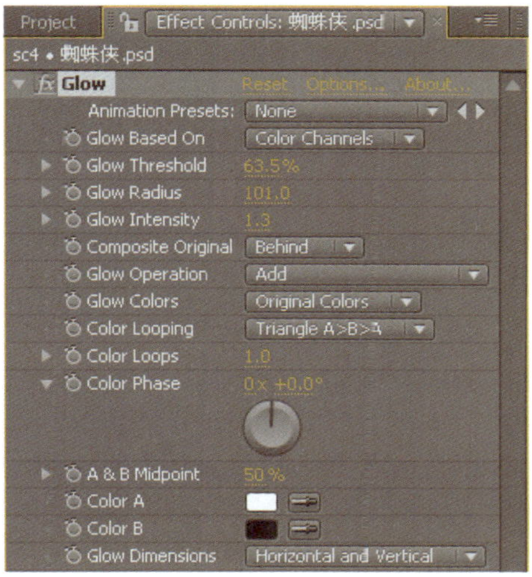

图5-40　调整特效参数

图5-41　特效调整后效果

图5-42　激活关键帧记录器

22 单击选中层11文件，选择【Effect】>【Color Correction】>【Hue/Saturation】[05]命令，如图5-43所示调整参数【Master Hue】为“0×+35.0°”，对猫女进行MASK处理，去掉边缘的硬边，最终效果如图5-44所示。

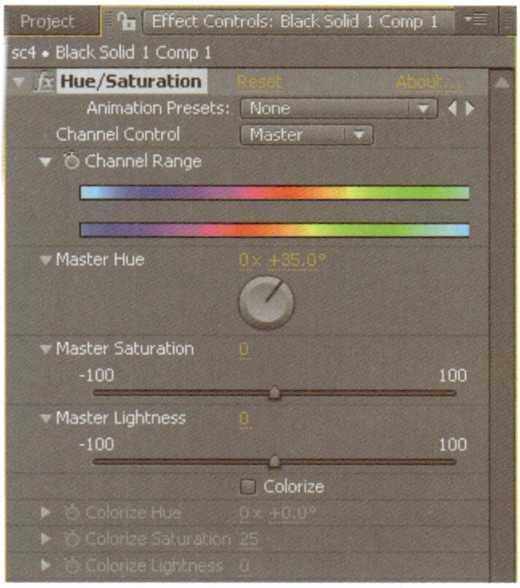

图5-43　调整特效参数

图5-44　特效调整后效果

设置摄像机动画效果

23 在时间线编辑区中单击层1摄像机文件，将时间线光标移至第0帧，设置【Point of Interest】参数为“25.0，325.0，595.0”。单击激活【Point of Interest】和【Position】关键帧记录器，如图5-45所示。

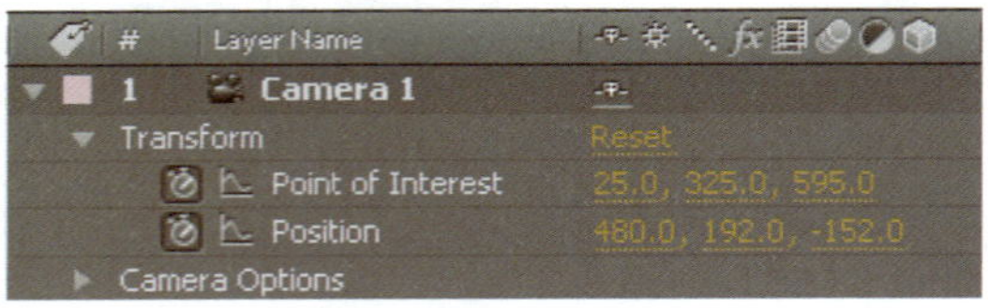

图5-45　建立胶片素材合成窗口

24 将时间线光标分别调整至第3帧、第6帧、第9帧、第11帧处，分别设置【Point of Interest】参数为“10.0，302.0，588.0”，“46.0，304.0，561.0”，“40.0，302.0，477.0”和 “360.0，288.0，0.0”。分别设置【Position】参数为“465.0，169.0，−158.0”，“501.0，171.0，−185.0”，“495.0，169.0，−269.0”和“814.5，155.0，−746.5”，如图5-46～图5-49所示。将时间线光标调整至第1：09帧、第2：13帧处，分别设置【Position】参数为“849.0，240.0，−732.0”和“817.0，194.0，−750.0”，如图5-50～图5-51所示，按【0】键预览动画效果。通过该组关键帧动画模拟摄影机急拉效果，按【Ctrl+S】组合键保存项目工程文件。

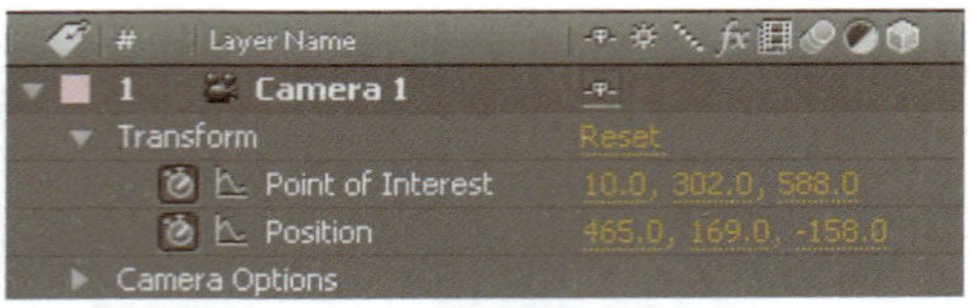

图5-46　设置第3帧参数

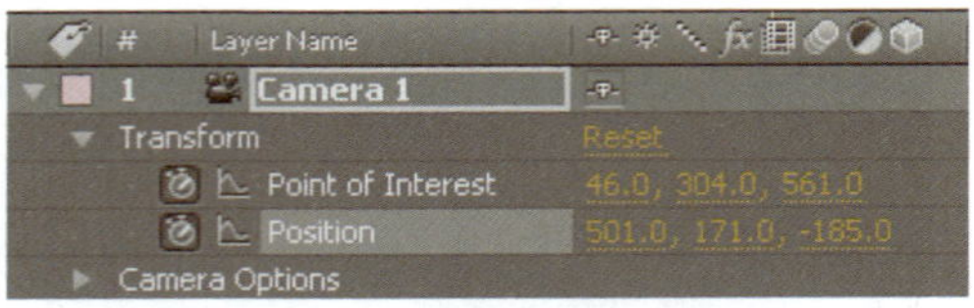

图5-47　设置第6帧参数

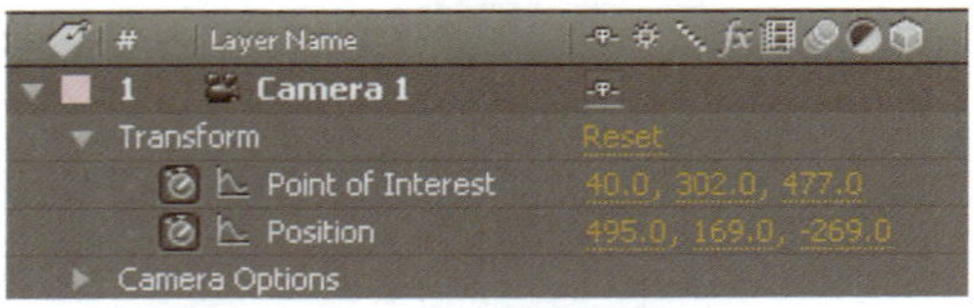

图5-48　设置第9帧参数

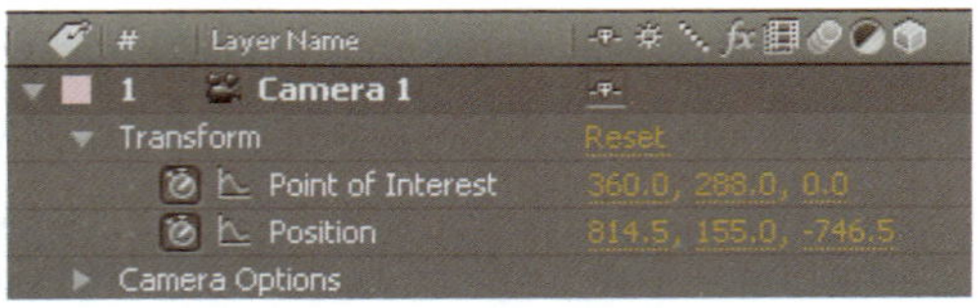

图5-49　设置第11帧参数

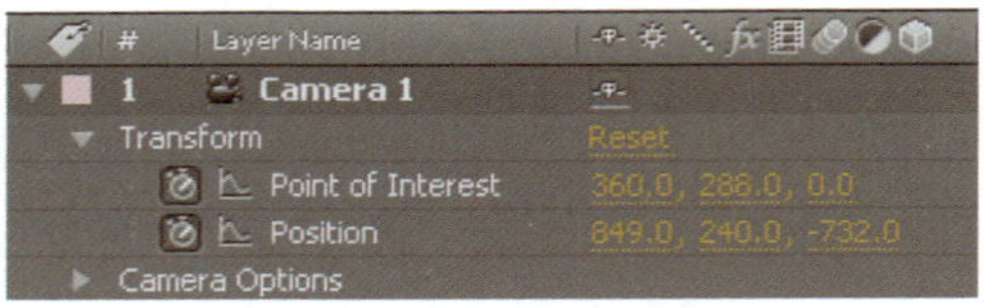

图5-50　设置第1：09帧参数

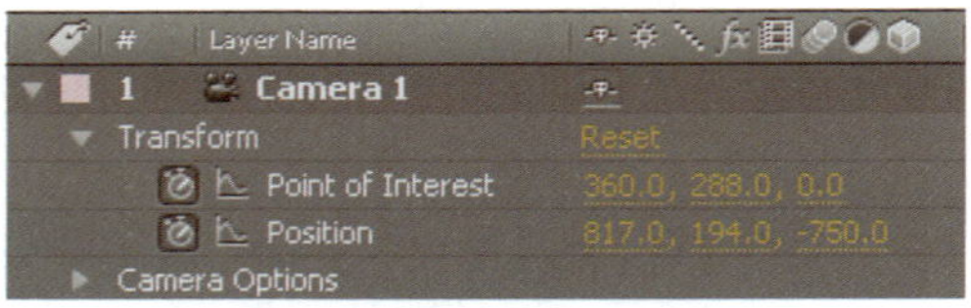

图5-51　设置第2：13帧参数

25 将时间线光标移至第 14 帧处，选中层 4 文件按【P】键激活其关键帧记录器，将时间线光标移至第 12 帧处，调整【Position】参数为“401.0，289.0，−43.0”，如图 5-52 所示。调整效果如图 5-53 所示。

图5-52　激活关键帧记录器

图5-53　参数设置调整参考

26 在时间线编辑区中单击“细箭头 .psd Comp1”标签进入编辑区，将时间线光标移至第 14 帧处，选中层 2 文件，展开其【Text】属性下的【Path Options】参数，如图 5-54 所示调整【First Margin】参数为“−370.0”，并激活其关键帧记录器。将时间线光标移至第 18 帧处，如图 5-55 所示调整【First Margin】参数为“188.0”。将时间线光标移至第 2：04 帧处，如图 5-56 所示调整参数为“212.0”，将时间线光标移至第 4：01 帧处，如图 5-57 所示调整参数为“60.0”。

图5-54　设置第14帧参数

图5-55　设置第18帧参数

图5-56　设置第2：04帧参数

图5-57　设置第4：01帧参数

27 将时间线光标移至第15帧处，选中层3文件，展开其【Text】属性下【Path Options】参数，如图5-58所示，调整【First Margin】参数为“−416.0”，并激活其关键帧记录器。将时间线光标移至第19帧处，调整【First Margin】参数为“198.0”，如图5-59所示。将时间线光标移至第“2：06”帧处，调整参数为“161.0”，如图5-60所示。将时间线光标移至第“4：01”帧处，调整参数为“198.0”，如图5-61所示。

图5-58　设置第15帧参数

图5-59　设置第19帧参数

图5-60　设置第2：06帧参数

图5-61　设置第4：01帧参数

28 在时间线编辑区中单击“sc4”标签进入编辑区，选中层2文件【细箭头】，在扩展属性中激活【Motion Blur】运动模糊属性，如图5-62所示。选择【Compsition】>【Compsition Settings】命令，在弹出的【Compsition Settings】对话框中将【Duration】设置为“4”秒，单击【OK】按钮完成设置，按数字键盘【0】键预览动画效果，按【Ctrl+S】组合键保存项目工程文件。

图5-62　激活运动模糊效果

至此已全部完成新动影擎片头的制作，通过模块04和模块05的内容讲述了如何利用平面素材的调整和关键帧动画的设置创作出动态的视频效果。通过本镜头的制作，了解到灯光层和摄像机层在影视后期中的辅助作用，接触了三维空间场景搭建这一抽象概念，并且了解到文字层这一重要元素的基本操作和概念。通过对该任务制作中的多个主要技术知识点的学习，可以举一反三地制作出其他无须实际拍摄素材的精美片头。

知识点拓展

01 【Camera Settings】对话框

选择【Layer】>【New】>【Camera】ⓐ命令，弹出【Camera Settings】对话框，如图5-63所示，在场景中创建摄像机。

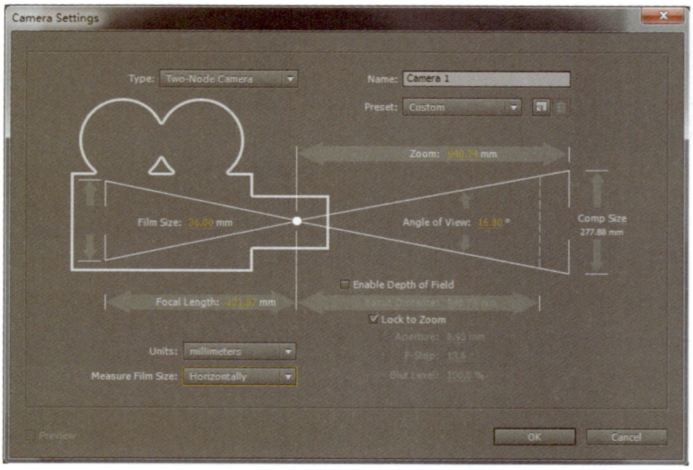

图5-63 【Camera Setting】对话框

（1）【Name】摄像机层命名。

（2）【Preset】ⓑ摄像机模式，单击后面的按钮可以展开模式选择菜单，如图5-64所示。

图5-64 选择菜单

（3）【Units】通过此下拉框选择参数单位，包括【pixel】（像素）、【inches】（英寸）和【millimeters】（毫米）3个选项。

（4）【Measure Film Size】改变【Film Size】（胶片尺寸）的基准方向，包括【Horizontally】（水平）方向、【Vertically】（垂直）方向和【Diagonally】（对角线）方向3个选项。

（5）【Enable Depth of Field】ⓒ为景深激活选项。

经验

ⓐ创建摄像机后，软件中以层的形式出现在该合成的时间线编辑区中。通过调整层属性可以调整摄像机的模式，还可以通过设置关键帧动画效果，模拟摄像机的动态效果。

技巧

ⓑ在摄像机模式选择菜单中【Custom】为自定义模式，在摄像机参数设置对话框中的所有黄色数字区域都可以单击将其激活，参数激活后进行自定义修改。

单击该按钮后面第一个图标可以创建保存自定义摄像机，第二个按钮可删除自定义摄像机。

经验

ⓒ【Enable Depth of Field】激活后，【Lock to Zoom】为锁定缩放，意思为定焦镜头；【Aperture】为光圈大小设置；【F-Stop】为快门速度设置；【Blur Level】为控制景深模糊程度设置。

02【Horizontal Type Tool】文字编辑工具

选择【Horizontal Type Tool】ⓓ工具后，在预览区中任意位置单击即可进入文字输入编辑。在激活编辑并输入所要编辑的文字后，软件右侧会出现文字层相关的编辑区，如图5-65所示。在该编辑区中可以设置字体的样式、颜色、大小、间距等属性ⓔ。

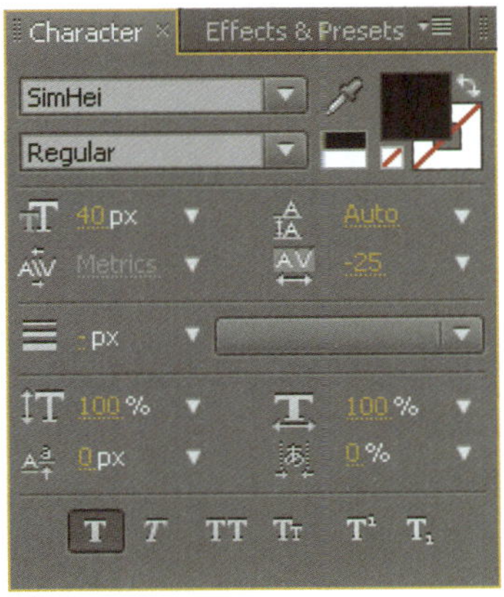

图5-65　文字编辑区

03 绘制路径

选择【Pen Tool】ⓕ工具后，除了可以在预览区中绘制封闭的【Mask】遮罩，还可以绘制非封闭状态的“路径”，如图5-66所示为路径的几种形态。

图5-66　路径的几种形态

04【Glow】特效

以模块04任务一中“蜘蛛侠”图层文件为例，选择【Effects】>【Stylize】>【Glow】ⓖ命令，在特效面板中可以调整【Glow】参数

技巧

ⓓ文字工具有两种模式，一种是横向输入文字，另一种是纵向输入文字。

文字编辑区的各属性与Photoshop文字编辑工具基本相同。

经验

ⓔ在对文字进行编辑设置时，需要首先选中文字。

技巧

ⓕ“路径”或者“遮罩”都是由点与点之间的连接线构成的，遮罩为封闭的，而路径是非封闭状态的，但其编辑操作方式是一致的，都可以通过对点的状态或位置的改变而影响遮罩或路径的形状。

经验

ⓖ同一层文件上可以添加两个或者多个【Glow】特效。通过对不同特效的关键帧动画设置，可以制作出复杂的光效动画效果。

值设置辉光的效果，如图5-67所示。

【Glow】特效在工作中常用到的参数包括：

（1）【Glow Based On】为辉光的大小。

（2）【Glow Radius】为辉光辐射扩散大小，数值越高扩散面积越大，反之范围越小。

（3）【Glow Intensity】为辉光的强度，数值越大辉光越亮。

（4）【Glow Operation】为辉光叠加模式，与层叠加模式相同。

（5）【Glow Colors】为辉光模式，其中【Original Colors】为默认效果，【A&B colors】[h]为指定色彩模式。

（6）【Color Phase】为两个色彩辉光发散角度设定。

（7）【Glow Dimensions】为辉光的形式，单击旁边的按钮弹出选择菜单，【Horizontal and Vertical】为横向加纵向模糊、【Horizontal】为横向辉光模糊、【Vertical】为纵向辉光模糊[i]，如图5-68所示。

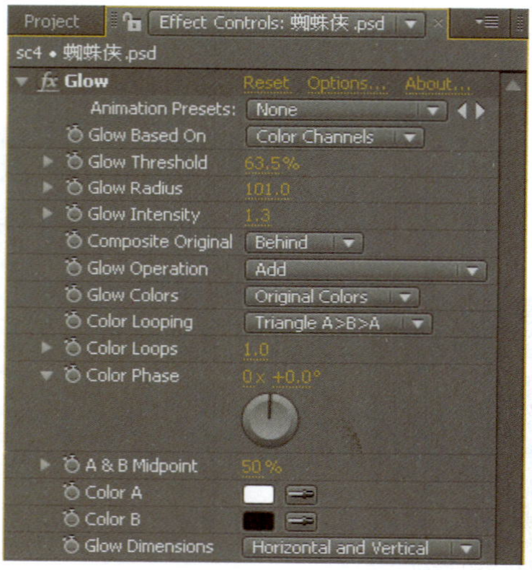

图5-67　【Glow】参数介绍

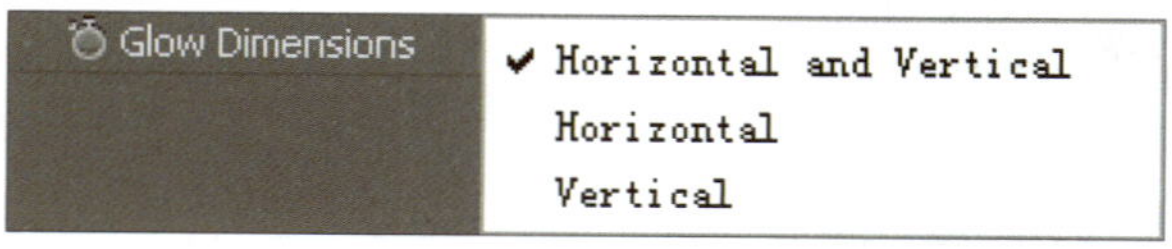

图5-68　遮罩混合模式菜单

05【Hue/Saturation】特效

【Hue/Saturation】是在后期制作中关于调色工作运用率较高的一个特效。选择【Effect】>【Color Correction】>【Hue/Saturation】[j]命令，在特效面板中可以调整【Hue/Saturation】特效参数值进行色彩调整的设置，如图5-69所示。

注意

ⓗ选择【A&B colors】模式后，需要结合与【Color】相关的其他参数进行调整，才能体现出不同效果，默认的【Color A】为白色，【Color B】为黑色，单击色块按钮可以弹出色彩选择对话框。

经验

ⓘ选择辉光的形式为【Horizontal】或【Vertical】时，结合【Color Phase】或其他参数的关键帧动画，可以制作出非常漂亮的动态辉光效果。

经验

ⓙ【Hue/Saturation】特效能够处理大多数的调色需求，特别是针对画面中某特定色彩的修改与校正，在后期制作中是调色工作不可或缺的一个好帮手。

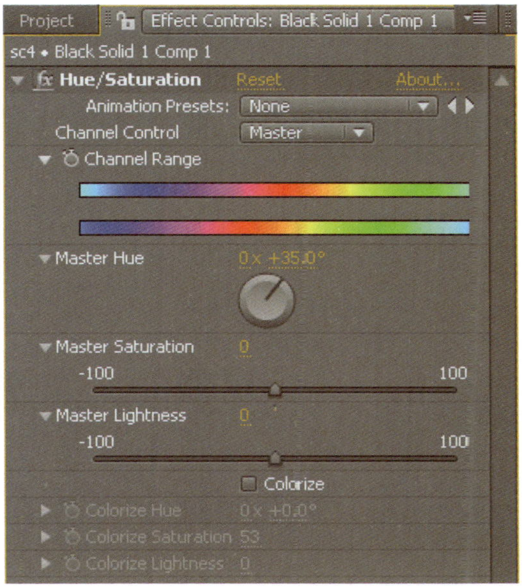

图5-69　调整【Hue/Saturation】特效参数值

（1）【Channel Control】为色彩区域选取，单击旁边的按钮弹出菜单，在此菜单中选择相应的色彩模式，如图5-70所示。

图5-70　色彩区域选取工具

（2）【Channel Range】色彩条上会出现相应的选择控制器ⓚ，如图5-71所示。

图5-71　素材选择控制器

（3）【Master Hue】①为调色控制器，旋转圆形图标可以改变色彩。

（4）【Master Saturation】为饱和度参数调整。

（5）【Master Lightness】为亮度参数调整。

技巧

ⓚ色彩选择控制器三角符号为辐射色彩，竖条符号为主要选择色彩，拖动控制器可以调整选择色彩区域。

选定色彩区域后，可以调整【Hue】参数的度数，将颜色调至与选取目标色差较大的其他颜色，观察所选区域的准确度。

经验

①【Master Hue】参数选项会根据【Channel Control】模式的改变而变化名称，如在【Channel Control】中选择【Reds】模式，那么在【Master Hue】一栏的名称将为【Reds Hue】。

（6）【Colorize】ⓜ为单色调整，激活该参数后特效参数调整变化如图5-72所示。

【Colorize Hue】ⓝ为色相选择。

【Colorize Saturation】为饱和度参数调整。

【Colorize Lightness】为亮度参数调整。

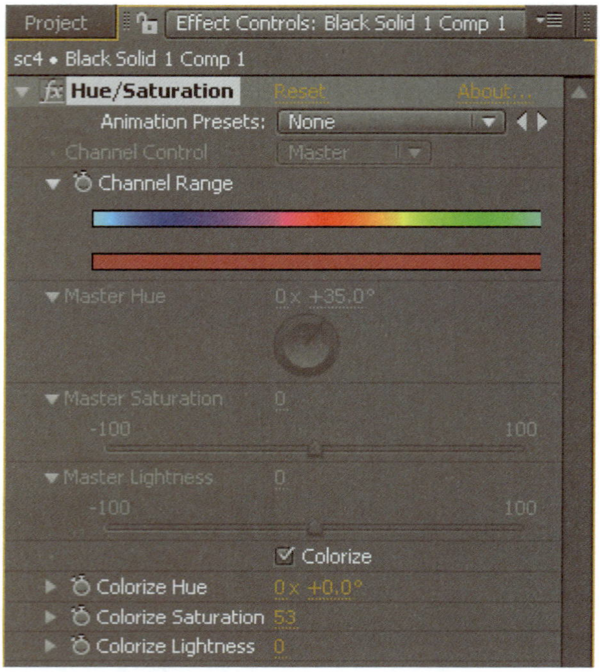

图5-72　激活单色调整参数

经验

ⓜ激活【Colorize】参数后，不能指定图像中某个色彩进行调整。使用这个特效效果，可以将图像处理成指定色调，也是影视后期制作中常用的技巧。

经验

ⓝ【Colorize Hue】参数的调整类似于【Master Hue】，设置不同的参数值，可以改变图像的色调。

After Effects

Premiere

独立实践任务（3课时）

任务二 制作新闻栏目小片头

任务背景

制作一段新闻栏目的片头，长度为5秒，应用于电视新闻栏目正片开播前。

任务要求

以突出新闻栏目特色应用为目标，通过平面素材的动画设置，制作出一条小片头，要求符合新闻这一指定类型片头特色，片头制作中应涉及辉光、调色这两个技术点。

播出平台：多媒体。

制式：PAL制。

【技术要领】片头创意；素材准备；镜头合成；摄像机动画设置。

【解决问题】熟悉平面素材动画设置，掌握摄像机的应用和【Glow】、【Hue/Saturation】特效的使用技巧。

【应用领域】影视后期。

【素材来源】无。

【效果展示】无。

任务分析

主要制作步骤

课后作业

1. 填空题

（1）单击工具栏中的【Horizontal Type Tool】工具按钮，在 ______ 区内任意处单击激活文字输入光标。

（2）在对文字进行编辑设置时，首先需要 ______ 文字。

2. 单项选择题

（1）After Effects CS5中，关于灯光的说法正确的是 ______ 。

A. After Effects CS5中灯光层可以直接在Layer面板中新建

B. After Effects CS5中灯光层可以直接在File面板中新建

C. After Effects CS5中灯光层可以直接在二维的图层中建立

D. After Effects CS5中灯光层在二维和三维的图层中都可以建立

（2）After Effects CS5中关于摄像机说法正确的是 ______ 。

A. After Effects CS5中摄像机层可以直接在Layer面板中新建

B. After Effects CS5中摄像机层可以直接在File面板中新建

C. After Effects CS5中摄像机层可以直接在二维的图层中建立

D. After Effects CS5中摄像机层在二维和三维的图层中都可以建立

3. 多项选择题

（1）以下选项中After Effects CS5中新建灯光的类型有 ______ 。

A. Parallel　　B. Spot

C. Point　　D. Ambient

（2）After Effects 下面说法错误的是 ______ 。

A. Camera Layer（相机层）和Light Layer（灯光层）顺序有一个先后的规则

B. 用户要遵循先加Camera Layer（相机层），并将该层的位置定义好，然后再添加Light Layer（灯光层）的规则

C. Camera Layer（相机层）和Light Layer（灯光层）彼此的位置关系会影响到光照的效果和阴影产生的方向

D. 灯光最为主要的功能是要营造场景中的氛围，灯光的颜色以及强度的设定可以使三维场景中的素材层晕染出不同的效果，而阴影的产生则会使三维层叠的模拟效果更加立体化

06 模块

商业广告片——金迪门广告

能力目标

掌握影视广告制作中抠像和抠像背景合成的应用

专业知识目标

1.掌握抠像技术

2.掌握抠像合成背景技术

软件知识目标

1. Primatte keyer抠像插件的使用方法

2.动态Mask遮罩的处理

课时安排

6课时（讲课3课时，实践3课时）

任务参考效果图

模拟制作任务（3课时）

任务一　蓝屏抠像之《金迪门广告》

任务背景

《金迪门广告》是一部典型的商业广告片。通过前期与客户的沟通，以及广告公司前期的创意策划，整个广告将通过虚拟背景与现实场景的转换，体现一种简约生活品质的理念，作为展现金迪门“简单组合，享受生活”这一口号的主要方式。

任务要求

根据前期创意脚本，广告中存在着大量的虚拟场景向现实场景转变的展示，同时也需要有实拍人物在同一场景中的展现。这种创意脚本无疑给整个广告的拍摄和制作带来了很大的难度。这种难度一方面是由于虚拟场景需要用三维软件进行制作，需要大量的制作和三维渲染时间，另一方面在于镜头中存在人物的实拍画面，这种实拍画面需要和三维软件制作的虚拟场景进行结合。由于需要制作这种虚拟场景与实拍人物合成的镜头，制作团队决定采用“蓝屏拍摄+三维制作虚拟场景”的技术手段来实现广告的整个创意。

任务分析

在本广告中，制作团队采用了“蓝屏拍摄+三维制作虚拟场景”的技术手段来完成广告中大量镜头的制作。蓝屏拍摄主要涉及抠像[01]以及抠像背景[02]合成相关技术、空间匹配、色彩匹配等很多复杂的合成技术。

本案例的重点、难点

【Primatte keyer】特效的使用。

【技术要领】Primatte Keyer的应用。
【解决问题】蓝屏拍摄抠像处理，抠像背景合成处理。
【应用领域】影视后期。
【素材来源】光盘\模块06\素材。
【效果展示】光盘\模块06\效果展示\金迪门——科技篇.mpg。

操作步骤详解

新建工程文件导入素材

01 启动After Effects CS5。如图6-1所示，在引导页对话框中单击【New Composition】选项，弹出【Composition Settings】对话框，将【Composition Name】命名为“金迪门镜头抠像”，设定【Preset】为“HDTV 1080 25”，设定【Resolution】为“Full”，设定【Duration】为“0：00：05：00”，如图6-2所示。单击【OK】按钮完成项目工程文件的设置，保存项目文件至硬盘。

图6-1　新建项目工程文件

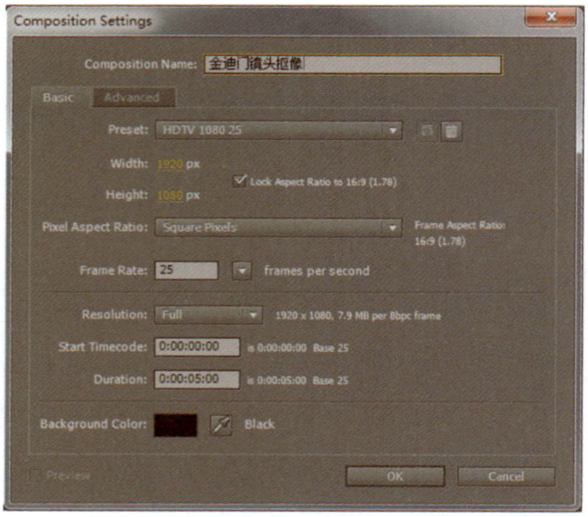

图6-2　设置项目工程文件参数

02 选择【File】>【Import】>【File】命令，弹出【Import File】对话框，选择“模块06\素材\ qj_ym_s\qj_ym_s_#.png”序列帧素材文件，选中左下方的【PNG Sequence】复选框，单击【打开】按钮完成帧素材导入，如图6-3所示。

03 如图6-4所示，在【Project】编辑区右击【qj_ym_s_[000-124].png】素材，在弹出的快捷菜单中选择【Interpret Footage】>【Main】命令，弹出【Interpret Footage】对话框。在【Fields and Pulldown】选项组中的【Separate Fields】下拉列表中选择【Off】选项（无场），如图6-5所示。单击【OK】按钮完成场信息的设置。

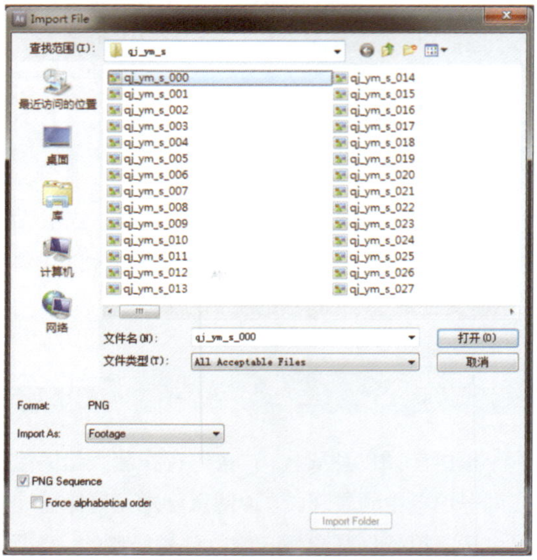

图6-3　选择序列帧素材

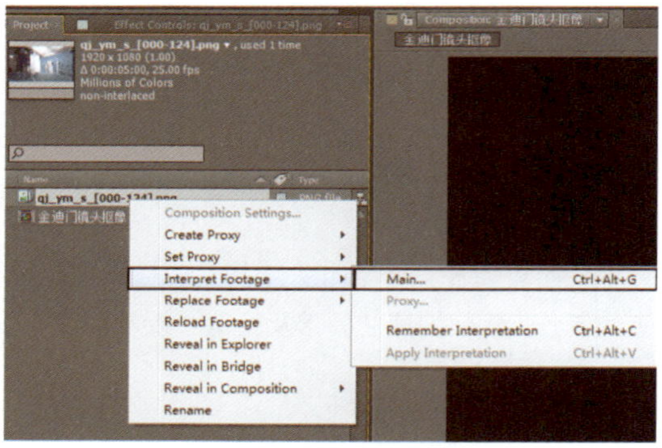

图6-4　项目工程文件右键菜单

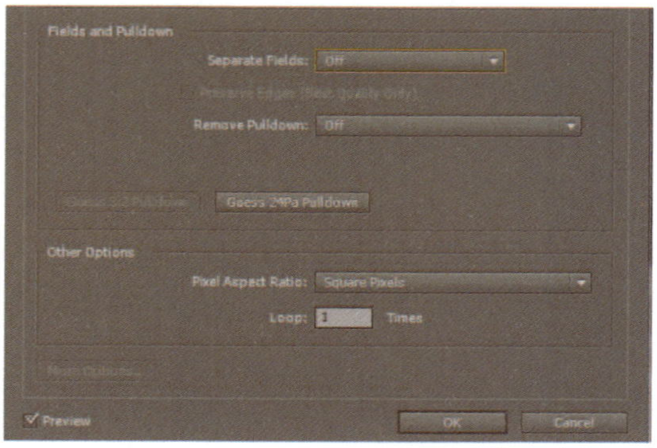

图6-5　素材设置

04 设置【Frame Rate】选项组中的【Assume this frame rate】为【25】frames per second，将素材拖入金进门镜头抠像comp，确认时间线及合成窗口，如图6-6所示。

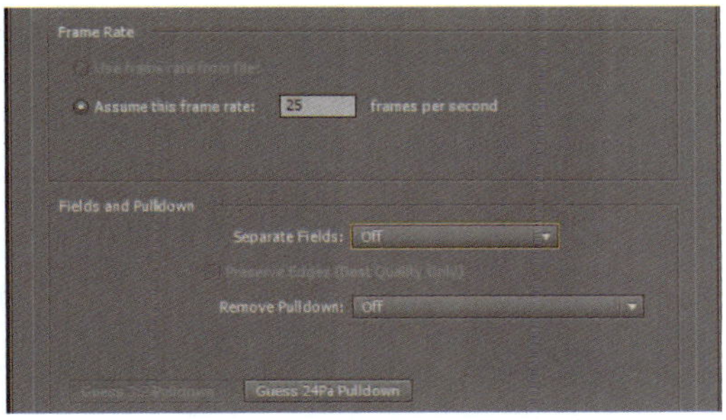

图6-6　时间线合成窗口

抠像操作

05 选中时间线编辑区中的“qj_ym_s_[000-124].png”层文件，单击时间线窗口上的【Source Name】，将层素材名字显示切换为【Layer Name】。单击“qj_ym_s_[000-124].png”层文件，按键盘上的【Enter】键，将层名称改成“实拍人物+门”，如图6-7所示。选择【Effect】>【Primatte】>【Primatte Keyer4.1 】命令，如图6-8所示。

图6-7　素材层命名

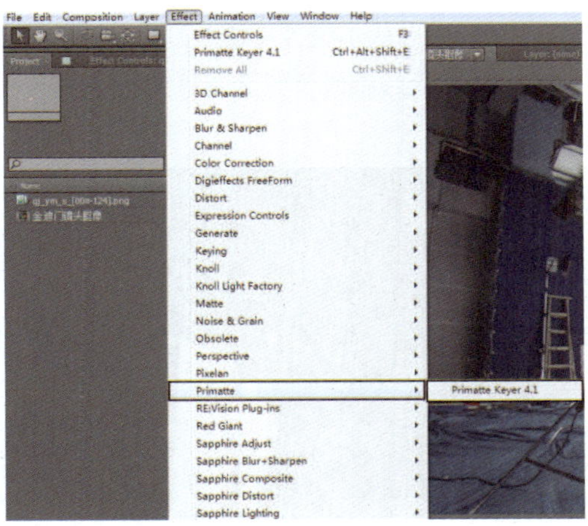

图6-8　选择Primatte Keyer滤镜

06 单击【Effect Controls】标签，切换至【Effect Controls】（特效滤镜控制窗口），如图6-9所示。

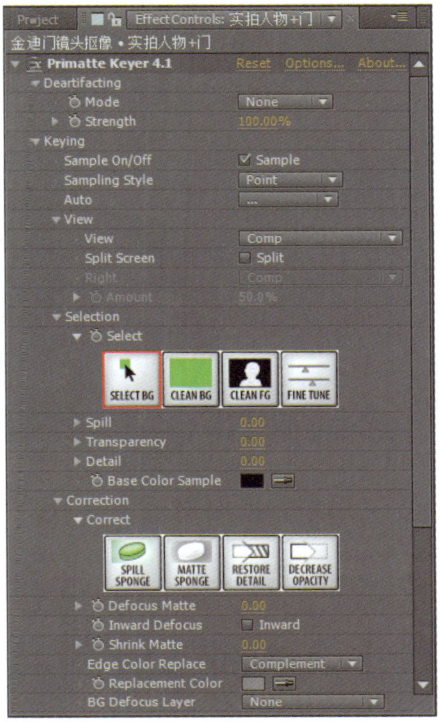

图6-9　Primatte Keyer滤镜控制窗口

07 选择【Selection】>【Select】>【SELECT BG】命令（图标模式命令），如图6-10所示。

图6-10　选择抠像背景工具

08 选择合成窗口中画面的蓝色背景屏幕处，按住鼠标左键进行拖动，拖动轨迹尽量遍及需要抠像的人物和门周围，结果如图6-11所示。

图6-11　选择抠像背景结果

09 选择【View】>【View】命令，将显示模式从默认的“Comp”切换为“Matte”，效果如图6-12所示。

图6-12　图像Matte显示结果

10 选择【Selection】>【Select】>【CLEAN BG】命令，如图6-13所示。

图6-13　图像背景清除工具

11 选择画面中主体边缘有一定杂物的部分，按住鼠标左键进行拖动，拖动轨迹尽量遍及抠像主体人物和门周围的杂物部分，多次重复此操作，结果如图6-14所示。

图6-14　图像背景清除结果

12 选择【Selection】>【Select】>【CLEAN FG】命令，如图6-15所示。

图6-15　图像前景找回工具

13 确定画面中抠像主体人物和门的位置，按住鼠标左键进行拖动，拖动轨迹尽量遍及抠像主体人物和门，直至抠像主体的Matte基本为纯白色，没有明显的半透明部分，如图6-16所示。

图6-16　图像前景找回结果

14 通过初步抠像，确定抠像主体人物和门的位置，选择工具栏中的钢笔工具，按照画面镜头运动轨迹进行动态Mask的绘制，如图6-17所示。

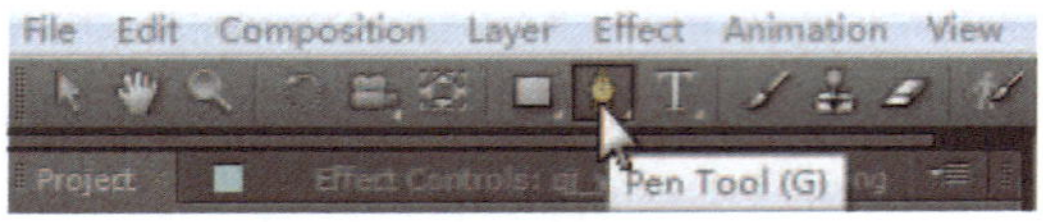

图6-17　选择钢笔工具

15 在时间线上选择素材的第1帧，在合成窗口中的画面上绘制Mask，结果如图6-18所示。完成之后，在层工作区域单击“实拍人物+门”层的“Masks”标签，单击【Masks】>【Mask1】>【Mask Path】前的小闹钟按钮，设置关键帧，设置完成之后，时间线相应位置会有关键帧的显示，如图6-19所示。

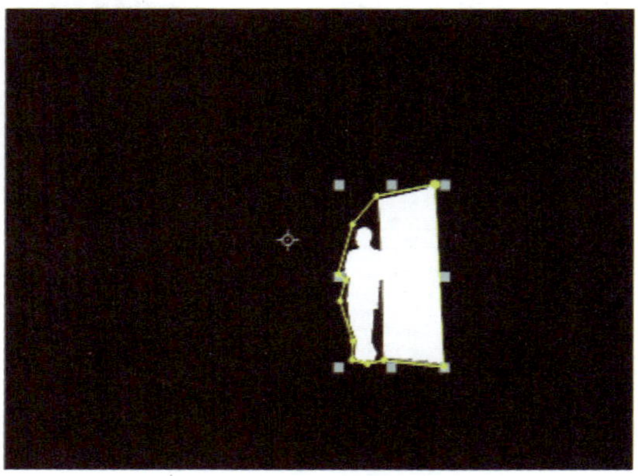

图6-18　图像第一帧Mask绘制结果

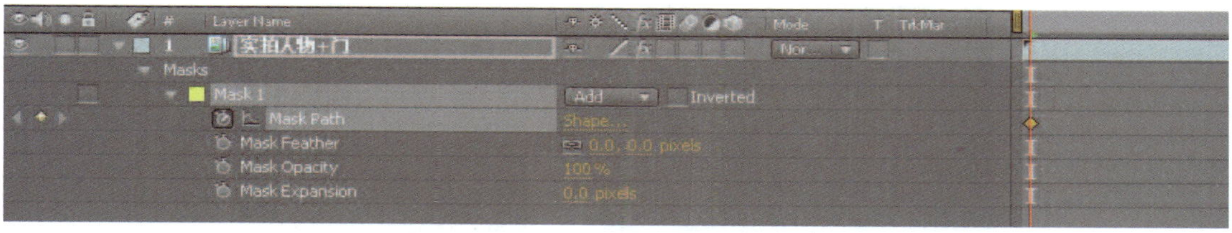

图6-19　时间线Mask Path属性关键帧

16 在时间线上选择素材的最后一帧，在合成窗口中的画面上调整Mask的选区，结果如图6-20所示。调整完成后，时间线位置也会有关键帧的显示，如图6-21所示。

图6-20　图像最后一帧Mask绘制结果

图6-21　时间线Mask Path属性关键帧

17 在时间线上选择素材“0：00：02：15”时间帧，在合成窗口中的画面上调整Mask的选区，如图6-22所示。调整完成后，时间线位置也会有关键帧的显示，如图6-23所示。

图6-22　图像“0:00:02:15”时间帧Mask绘制结果

图6-23　时间线Mask Path属性关键帧

18 重复上述步骤，直至Mask能够准确勾勒出整个镜头的抠像主体人物和门的大致区域，剔除除人物和门之外的非蓝屏图像信息，如图6-24、图6-25所示。

图6-24　图像动态Mask绘制结果

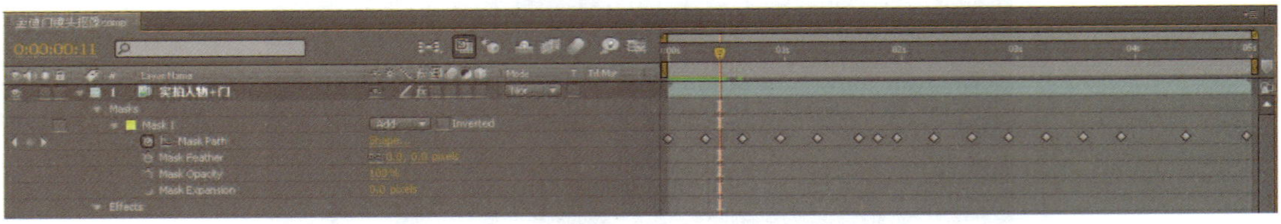

图6-25　时间线Mask Path属性关键帧

19 选择【Primatte Keyer】>【Keying】>【View】>【View】命令，将显示模式从"Matte"切换至 "Comp"，如图6-26所示。单击【Preview】窗口中的【RAM Preview Options】按钮，进行初步抠像结果的预览，如图6-27所示。预览结果如图6-28所示。

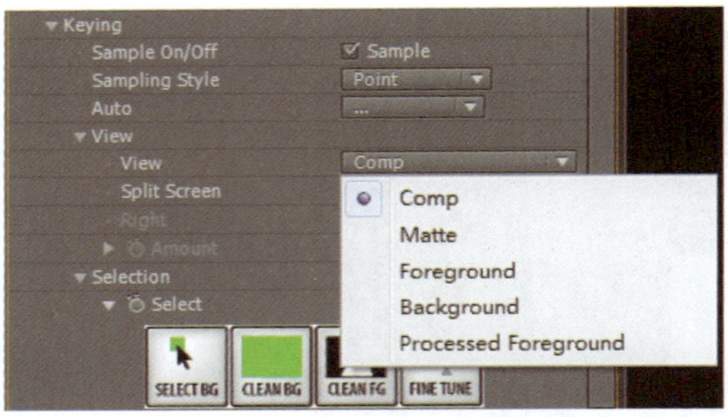

图6-26　抠像结果显示模式切换

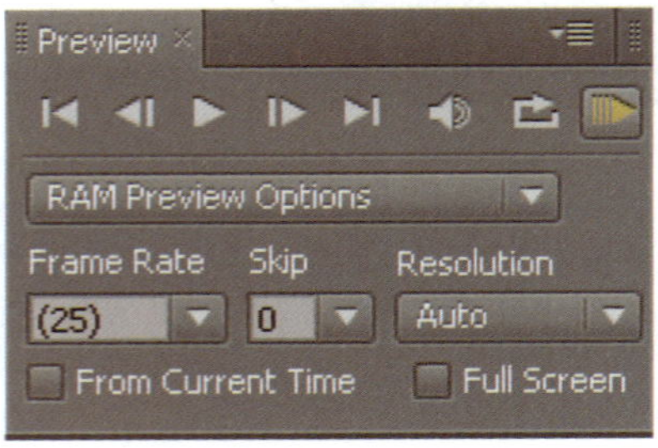

图6-27　图像预览工具窗口

图6-28　预览结果

20 选择【Primatte Keyer】>【Keying】>【Correct】>【Defocus Matt】属性，将默认的"1"改成"1.44"， 如图6-29所示。此工具将抠像结果的边缘进行适度模糊，以便得到更好的抠像边缘处理，如图6-30所示。

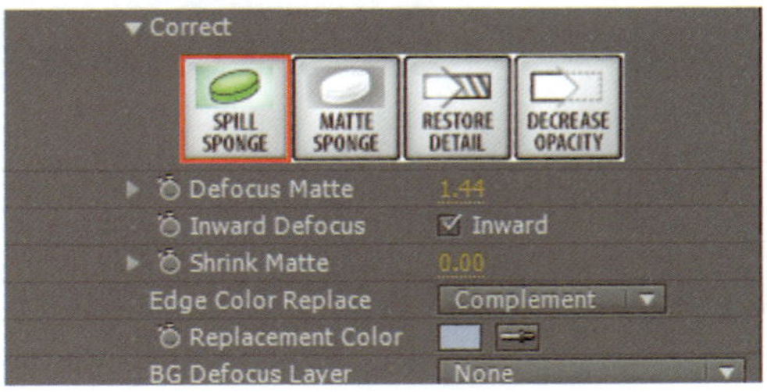

图6-29　抠像结果边缘模糊工具

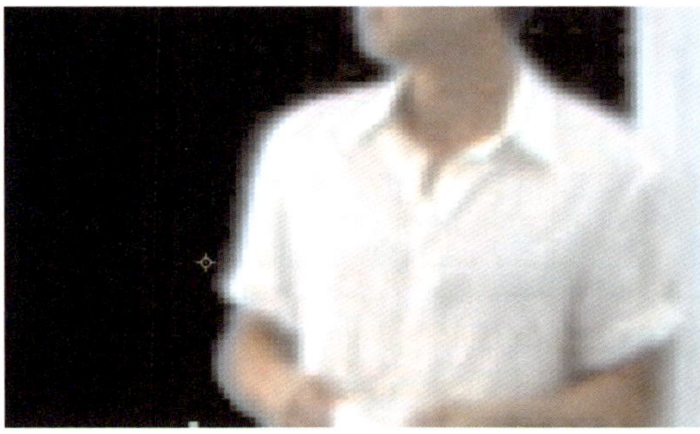

图6-30　抠像边缘调整结果

21 选择【Primatte Keyer】>【Keying】>【Correction】>【Shrink Matte】属性，将默认的“0”改成“2.33”，如图6-31所示。此工具将抠像结果的边缘进行收缩处理，以便得到更好的抠像边缘处理，结果如图6-32所示。

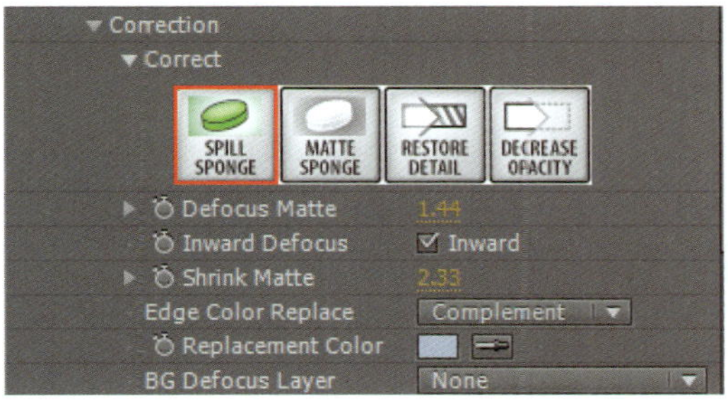

图6-31　抠像边缘收缩工具

图6-32　抠像边缘收缩结果

合成背景

22 选择【Composition】>【New Composition】命令，弹出【Composition Settings】对话框，在【Composition Name】文本框中将合成comp命名为“背景合成”，同时在【Preset】中选择“PAL D1/DV”，如图6-33所示。

23 选择【File】>【Import】>【File】命令导入素材序列，如图6-34所示。在【Import File】对话框中选择“光盘\模块06\素材\renderout\camera_A_color_0000.png”，并确认窗口左下方的【PNG Sequence】复选框处于选中状态，单击【打开】按钮，导入图像序列，如图6-35所示。

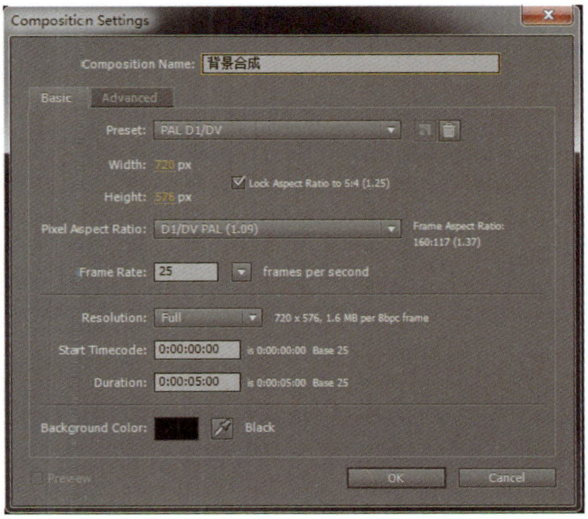

图6-33　新建合成窗口

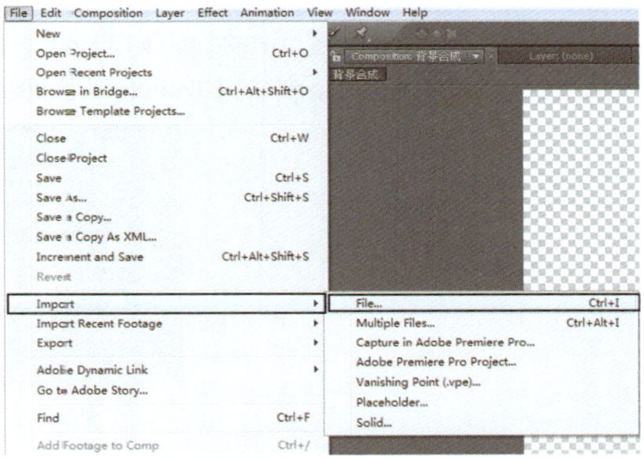

图6-34　导入图像命令图

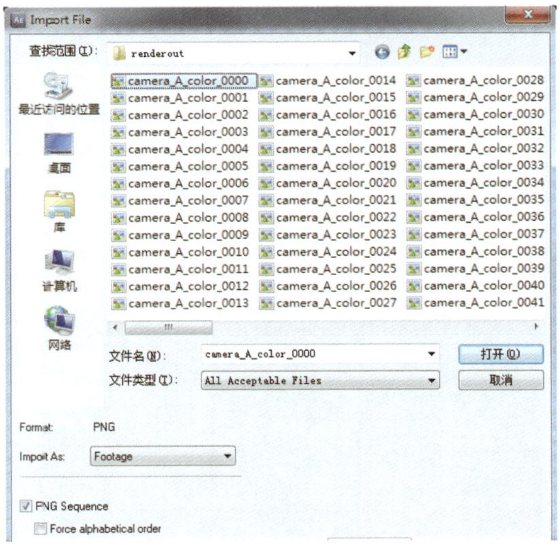

6-35　选择导入的图像

24 将“camera_A_color_[0000-0123].png”素材拖入“背景合成”时间线编辑区，再将“金迪门镜头抠像comp”拖入“背景合成”时间线编辑区，放置在“camera_A_color_[0000-0123].png”素材层之上，如图6-36所示。

图6-36 素材层层叠结果

25 在时间线编辑区选中“金迪门镜头抠像comp”，按键盘中的【S】键，打开“金迪门镜头抠像comp”的层“Scale”属性，将默认的数值“100”改成“55.0，55.0%”，如图6-37所示。

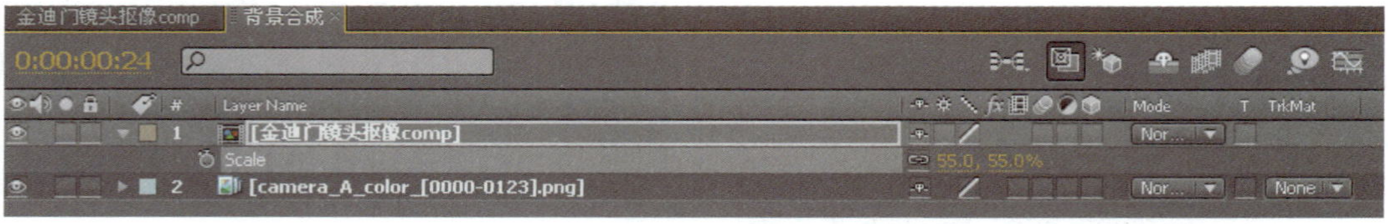

图6-37 素材层Scale属性调整

26 单击【Preview】窗口中的【RAM Preview Options】按钮，进行合成背景结果预览，根据结果适当调整“金迪门镜头抠像comp”的【Transform】属性，直至合成背景符合要求，如图6-38、图6-39所示。

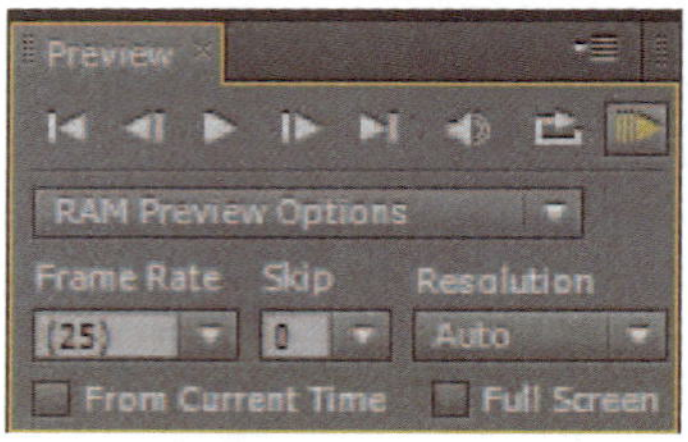

图6-38 图像预览工具

图6-39 合成结果

知识点拓展

01 蓝屏抠像原理介绍

在电脑后期合成中，这种蓝屏抠像也称作色度键（Chroma Keying）抠像。每个合成软件都有自己的色度键工具或应用第三方插件实现这类抠像。色度键工具可以给前景指定一个颜色范围，并把这个颜色范围之内的像素从画面中挖掉，空出部分会透出背景层画面，这样就实现合成了。此时前景画面的全白色Alpha通道[a]会出现黑色和过渡灰色。而Alpha通道是控制图像透明与否的通道，正常画面中Alpha通道全部是白色的，表示画面完全不透明，相应的Alpha通道值设为0，如图6-40所示；抠像完成后，Alpha通道呈现的变化，说明色度键抠像是利用了画面色彩的差异，给Alpha通道定义明暗的工具。被抠掉的画面Alpha通道为黑色，相应的Alpha通道值设为1，如图6-41所示。同时，色度键工具还允许设定一个过渡颜色的范围，在这个范围内，Alpha通道表现为灰色，数值在为0到1之间，也就是半透明部分。一般半透明部分出现在前景物体的边缘、影子、烟雾、运动模糊等位置，这类半透明对于后期合成是非常重要的，最后画面的真实度与柔和过渡都是依赖这些部分来体现的，如图6-42所示。

图6-40　原图及原图的Alpha通道，数值全部可以定义为0

图6-41　抠像完成图及抠像完成的Alpha通道，黑色部分的通道数值为1[b]

经验

ⓐAlpha通道是一个8位的灰度通道，该通道用256级灰度来记录图像中的透明度信息，定义透明、不透明和半透明区域，其中黑表示全透明，白表示不透明，灰表示半透明。例如，一个使用16位存储的图片，可能5位表示红色，5位表示绿色，5位表示蓝色，一位是阿尔法。在这种情况下，它要么表示透明要么不是。一个使用32位存储的图片，每8位表示红、绿、蓝和阿尔法通道。在这种情况下，就不仅可以表示透明或不透明，阿尔法通道还可以表示256级的半透明度。

注意

ⓑ在抠像中必须尽可能更多地保留Alpha通道灰色的部分，灰色的部分是半透明部分，正因为有灰色部分所以像头发这样半透明的元素不会被抠除。

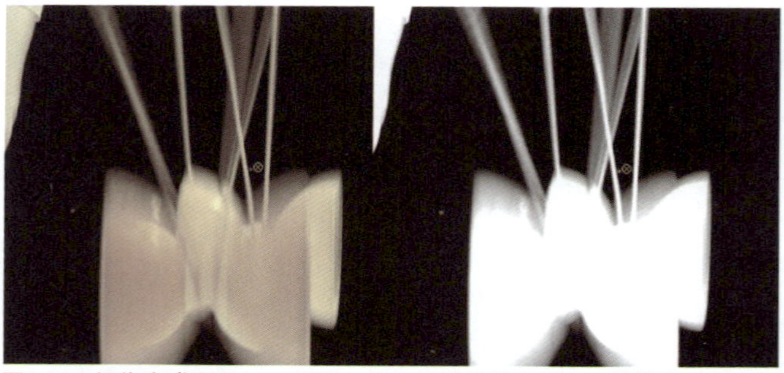

图6-42　抠像完成图的Alpha通道，灰色部分就是半透明，数值为0到1之间

02 抠像背景的选择

由于这类抠像方法是基于颜色差异来实现Alpha通道变化和提取的，因此从理论上讲，只要背景所用的颜色在前景中不存在，就可以使用任何颜色来做背景。但实际操作中，一般都使用蓝背景或者绿背景，原因是人类身体的自然颜色中不包含这两种色彩，用这两种颜色做背景不会和前景人物混在一起；而且这两种颜色又是电视三原色[c]中的色彩，也较容易处理。因此，绿背景和蓝背景都可以根据需要选择使用，如图6-43所示。

经验

ⓒ三原色由红、绿、蓝三种基本颜色构成。原色是指不能通过其他颜色的混合调配而得出的“基本色”。以不同比例将原色混合，可以产生出其他的新颜色。以数学的向量空间来解释色彩系统，则原色在空间内可作为一组基底向量，并且能组合出一个“色彩空间”。由于人类肉眼有三种不同颜色的感光体，因此所见的色彩空间通常可以由三种基本色所表达，这三种颜色被称为“三原色”。一般来说叠加型的三原色是红色、绿色、蓝色，而消减型的三原色是品红色、黄色、青色。

图6-43　蓝绿屏抠像

常见的欧美国家使用绿背景较多，因为大多数欧美人的眼睛是蓝色的。而在胶片拍摄的时候，现场也多选用绿背景的原因是和胶片[d]本身有关系。大家知道，胶片的三基色是黄色、品红和青色，为了理解方便，也可以用红、绿、蓝来模拟表现。因为在胶片的生产中，感绿层在最上面，而感蓝层在最下面，也就是光要先通过绿色、红色感光层，最后才能落到蓝色感光层上。而光线即使通过透明层，也会有衰竭。例如，100%的光线达到绿色感光层，落到红色感光层的可能只有80%，记录到蓝色感光层的或许只有60%了。为了让每种颜色达到一样的曝光量，就只有提升红色和蓝色的感光灵敏度，相当于平时说的ISO数值。但是提升感光灵敏度是以牺牲颗粒细腻为代价的，如图6-44所示。

技巧

ⓓ电影胶片是制作影片用的感光材料的总称。是将感光乳剂涂布在透明柔韧的片基上制成的感光材料，包括电影摄影用的负片、硬拷贝用的正片、复制用的中间片和录音用的声带片等。这些胶片的结构大体相同，都由能感光的卤化银明胶乳剂层和支持它的片基层两大部分组成。

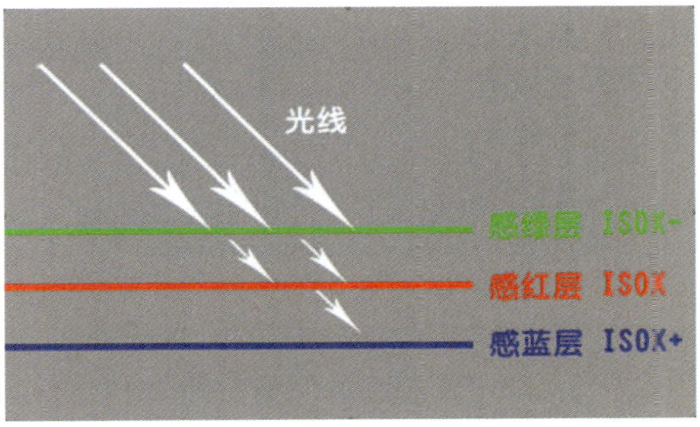

图6-44　胶片通光量模拟图示

因此，对于胶片来说，其中的绿层[e]颗粒最细腻，而蓝层颗粒比较粗，故选择绿色作为抠像的背景，可以获得较高的信噪比。

当然，蓝、绿背景的选择还与合成背景的色彩范围有关，如果是蓝天白云，当然选择绿色作为背景抠像选择；如果是绿地草原，则选择蓝色背景更为方便。

对于蓝、绿背景的选择还和人种的肤色[f]有关，欧美人是白皮肤，那么在灯光照射下的摄像机里呈现出偏紫的肤色，这种情况下无论是蓝背景还是绿背景都一样。而亚洲人的皮肤是黄色的，那么在绿布环境下在摄像机中总会有绿色反射到人物的皮肤上，有色彩经验的都人会知道，当绿色和黄色混合在皮肤上时就会产生一种营养不良的感觉，所以建议大家在条件允许的情况下，拍摄亚洲人皮肤的时候用蓝背景。

对于蓝、绿背景的选择还有一个非常重要的条件，也是在抠像操作时非常需要注意的，就是在抠像时要结合背景一起抠像。也就是说抠像操作要以背景的情况为参考。在拍摄需要蓝、绿背景镜头的时候，往往都是有了分镜头剧本之后再去拍摄，那么最终需要合成的背景会比较亮还是比较暗都在拍摄之前就已经确定了。在做抠像时有一个原理，用蓝布拍摄的镜头抠像完之后画面边缘会出现黑边，而用绿布拍摄的镜头抠像完后会出现亮边，根据这样的特性，再根据分镜头脚本中合成背景。在拍摄之前就可以选择需要用什么颜色的布进行拍摄。如果前景合成到暗背景上就用蓝布拍摄，如果合成到亮背景上就用绿布拍摄。大家应该都看过《指环王》[g]这部电影，其中的镜头很多都是非常暗的色调，那么它就是在蓝背景上进行拍摄的。

以上就是对蓝背景和绿背景选择的分析，在选择的时候如果上述条件出现矛盾，则要根据自己对画面处理的能力选择布的颜色。这里首先考虑背景的因素，因为大家都知道，抠像画面最难处理的就是边缘的部分。边缘处理好了，别的问题相对简单一些。

03 抠像前期拍摄的准备工作及注意事项

如今，随着抠像技术的发展，这种合成制作手段也越来越多

技巧

ⓔ抠像的素材遇到胶片素材时，有一点需要注意，那就是尽可能用绿布作为背景布。

技巧

ⓕ不要一味地向欧美学习，看到很多欧美制作花絮中是利用绿布进行抠像处理就认为在抠像中绿布会比较好。这是错误的。在选择色彩布时还要考虑肤色等因素。

经验

ⓖ"抠像"即"键控技术"在影视制作领域是被广泛采用的技术手段，实现方法也普遍被人们知道一些——看到演员在绿色或蓝色构成的背景前表演，但这些背景在最终的影片中是见不到的，就是运用了键控技术，在《指环王》中非常灰暗的场景，在现实中是根本无法看到的，就是用灰暗的背景画面替换了蓝色或绿色，这就是"抠像"。当然，"抠像"并不是只能用蓝或绿，只要是单一的、比较纯的颜色就可以，但是与演员的服装、皮肤的颜色反差越大越好，这样键控比较容易实现。

地应用于实际成片中。由于这是一个需要前期拍摄和后期制作相互协作的制作方法，因此前期拍摄素材的质量好坏将直接影响后面的抠像工作是否能顺利完成。对于任何抠像软件都可以说，前期的拍摄已经决定了抠像制作是否成功。要获得较好的抠像素材，前期拍摄一般遵循以下几个方面的规律进行调整。

(1) 背景的纯色布料或墙面均匀布光，并保持背景高亮，即使监视器前感觉饱和度不高也没有关系，这完全是视觉造成的，其实画面记录的饱和度还是相当高的。因此，不要为了追求监视器上背景的蓝色饱和度[h]而降低照度。而且新的抠像软件和传统抠像工具不同，传统抠像工具只把色度范围作为抠像依据，而对背景的亮度也作为抠像的考量因素。

(2) 尽可能地拉开前景拍摄人物和背景墙面（布料）的距离，目的是让背景颜色尽量少地反射到前景上，减少背景色的干扰。

(3) 当对现场光照度不是十分有把握时，应尽量避免让演员穿带有绒毛的衣物，也不要打理出爆炸式的发型，因为在光照不足的情况下，这些绒毛状的前景边缘会融合到背景中，不利于抠像处理，会造成抠像不干净，产生闪烁；或是牺牲了这些边缘细节，导致图像合成较“假”。如果是DV拍摄的素材，记录用的是4：2：0的采样方式，色轮廓损失比较大。即使光照够的情况下，在抠像前还是要进行预处理，如果模糊色轮廓边缘，会导致前景画面绒边细节丢失，因此DV拍摄的画面也不建议出现大量的绒边。

(4) 要完成抠像，当然也会用到一些辅助的噪点和边缘处理软件，如Matte Choker[i]等。这些辅助软件确有锦上添花的作用，却很少能完成雪中送炭的重任，所以千万不要太寄希望于这些处理来达到理想的抠像合成效果，还是要按部就班地、高质量地完成前期拍摄工作，不能马虎凑合。

注意

ⓗ饱和度，（纯度）(Saturation) 彩色强度的浓度，是指色彩的鲜艳程度，也称色彩的纯度。饱和度取决于该色中含色成分和消色成分（灰色）的比例。含色成分越大，饱和度越大；消色成分越大，饱和度越小。

技巧

ⓘ【Matte Choker】是After Effects滤镜组中用于对图像Alpha通道进行收边处理的工具，使用【Matte Choker】可以迅速有效地对图像的Alpha通道进行收边等比缩小。

独立实践任务（3课时）

任务二 蓝屏抠像之《西湖四季》

任务背景

《西湖四季》是一部杭州市旅游宣传专题片，以杂技为表现手法，通过四个的季节的变幻表达出杭州这一千年古城的怡人景色与城市底蕴。本任务为《西湖四季》中《冬》的棚拍镜头，通过中国传统杂技项目“抖空竹”和西方古典“芭蕾舞”的完美结合体现出杭州中西文化和谐交融的城市氛围。

任务要求

由于拍摄季节的限制，不能用实拍画面展现西湖一年四季中冬天的景象，所以必须采用蓝屏拍摄辅助后期抠像合成背景来展现西湖四季中冬的景象。本任务需要对《西湖四季》中《冬》的棚拍人物进行蓝屏抠像。

播出平台：多媒体。

制式：PAL制。

【技术要领】蓝屏抠像；抠像边缘处理。

【解决问题】结合使用特效进行蓝屏抠像处理。

【应用领域】影视后期。

【素材来源】光盘\模块06\素材\冬季蓝屏抠像.avi。

【效果展示】无。

任务分析

____

____

主要制作步骤

____

____

课后作业

1. 填空题

（1）【Primatte Keyer】特效主要应用于影视后期制作中的 ______ 领域。

（2）在层【Mask】属性中的 ______ 属性可以对图像动态Mask进行控制。

2. 单项选择题

（1）以下【Primatte Keyer】的工具中， ______ 特效命令可以对画面的Matte进行边缘模糊。

A. 【Defocus Matt】

B. 【Shrink Matte】

C. 【Matte Chocker】

D. 【Matte Defocus】

（2）以下【Primatte Keyer】的工具中， ______ 特效命令可以对画面的Matte进行边缘收缩。

A. 【Defocus Matt】

B. 【Shrink Matte】

C. 【Matte Chocker】

D. 【Matte Defocus】

3. 多项选择题

（1）关于画面动态Mask绘制，下列描述正确的是 ______ 。

A. 画面动态Mask绘制可以使用钢笔工具

B. 画面动态Mask绘制不需要用到关键帧

C. 画面动态Mask绘制必须逐帧绘制Mask

D. 画面动态Mask绘制需要使用钢笔工具辅以关键帧来完成

（2）关于【Primatte Keyer】抠像应用，下列描述正确的是 ______ 。

A. 【Primatte Keyer】是After Effects上重要的抠像插件

B. 【Primatte Keyer】是After Effects上唯一的抠像插件

C. 【Primatte Keyer】可以处理绝大多数情况下的抠像画面

D. 【Primatte Keyer】抠像可以独立解决所有的抠像画面

07

模块

城市形象宣传片——杭州临安

能力目标

1．掌握色彩调整的原理及方法

2．学会利用Mask（遮罩）对局部画面进行调整

专业知识目标

1．掌握通过关键帧设定动画的方法

2．了解层编辑、新建层以及Comp的概念

软件知识目标

1．PAL制项目工程文件设置

2．PSD文件素材导入

3．层级关系——父子层关系，运动模糊

课时安排

6课时（讲课3课时，实践3课时）

任务参考效果图

模拟制作任务（3课时）

任务一 “箭门关”镜头色彩调整

任务背景

这是一则为临安制作的旅游广告片，意在突出临安的生态环境，宣传临安的生态旅游品质。临安是一个森林覆盖率将达到80%的城市。有丰富的生态资源与旅游资源。客户要求将临安的生态环境和旅游环境进行强化。在宣传临安旅游资源的同时，提高临安的知名度。

任务要求

- 将整体画面进行色彩调整[01]，来弥补前期拍摄中产生的不足。
- 播出平台：多媒体、中央电视台及各地方电视台。
- 制式：PAL制。

任务分析

在任务之初，制作人员了解了客户对这则宣传片的定位之后敲定本片的主题为“杭州临安——一座会呼吸的城市”。

1. 对宣传片的进一步理解

对于不了解临安的人来说，她所产生的印象可能仅仅停留在“森林度假城市”的表层，但通过深层解读，大量有影响力的殊荣以及水系源头的神秘，让我们不由得发出惊叹。或者说，临安不再局限于那种小家碧玉的形象，大量无可复制的亮点理应将她打造成为一个生态城市的典范，甚至标准。

然而，在宣传片中，千篇一律的山水本色往往让画面流于平淡，全面撒网的结果又冲淡了她作为呼吸城市的整体印象。

因此，在这次修改中，我们进行了深度的挖掘，把吸引人们眼球的亮点进行放大，并进行清晰地传达。

我们维系了原有的结构：山水——文化——发展。但重点发生了改变。

- “山水”这一部分中，我们重点讲水系源头、森林覆盖率、丰富生态资源、国家自然保护区等。
- “文化”这一部分中，我们重点讲吴越文化、禅文化、非物质文化遗产和乡土文化。
- “发展”这一部分中，我们重点讲旅游度假、浙江林学院、高新技术产业、融入大都市等内容。

2. 影片思路及段落衔接

- 引子：由一首绝妙的诗“天目山垂两乳长，龙飞凤舞到钱塘”烘托出临安的区位优势。
- 山水：两大水系源头是一个亮点，以此铺垫，强调森林覆盖率和物种基因宝库两大特点，然后对几个国家自然保护区和代表性景点进行了详细讲述。

- 文化：由古道衔接到吴越文化，再引申到吴越文化的创始人——钱王，紧接着提出相互映照的禅文化，再从物质文化遗产过渡到非物质文化遗产，最后由开竿节过渡到经济发展。
- 发展：山水的传承，即发展旅游度假经济；文化的传承，即浙江林学院的智力支持；最后，是融入大都市，与上海接轨的发展目标。

（1）引子

“天目山垂两乳长，龙飞凤舞到钱塘”。在古人的诗句中，天目山是一个渊源，她孕育了天堂杭州这片净土，也衍生了一个会呼吸的城市——临安。

临安市地处长三角南翼、杭州市西郊，是杭州至黄山国际黄金旅游线上的一颗明珠。大自然的造化，让她成为长三角地区唯一一个国家森林城市。至杭州都市圈的便捷，又让她成为距离都市最近的山区城市。

（2）山水

她是太湖水系的源头，也是浙江母亲河——钱塘江的重要发端。这意味着上天的恩宠营造的必然是真山、真水、真空气，也意味着这座会呼吸的城市必然给世界带来一个惊喜。

远远高于发达国家的森林覆盖率，让她向世界发出了独白。

极其丰富的“物种基因宝库”，让她荣升为世界生物圈保护网的一员。

[字幕：森林覆盖率达76.55%]

[字幕：天目山被列为联合国人与生物圈网络成员]

大自然的神工，给这座城市留下了不可复制的青山绿水，也为她赢得了让世界瞩目的殊荣。

绵延的天目山脉在此穿越，在这个“大树的王国”，一棵棵冲天的古树与我们的灵魂遥遥相望。

[字幕：国家自然保护区——天目山]

山脉形成的大峡谷，收藏着岁月千折百回的过往。在这座人与自然的生物圈中，雄奇、秀丽融合成了千万种绿色。

[字幕：浙西大峡谷]

清凉峰承接着天与地，1787米的高度阻挡了带来污染的任何杂质，她的险峻神秘让旅行家们鼓起了挑战的勇气。

[字幕：国家自然保护区——清凉峰]

柳溪江一路奔走，带着生命的纯粹和妩媚。

[柳溪江、白水涧]

天地慷慨地把那些祖先留下的宝贵财富都放在了这座会呼吸绿色空气的世界里。

千万年的瑞晶洞展示着水雕塑出来的作品。

[瑞晶洞]

火山大石谷展示着地球留下的天然地质博物馆。

[火山大石谷]

这座城市呼吸着绿色的空气，不可多得的自然环境为成为21世纪的生态城市提供了先行一步的优势。

[十个国家4A景区和八百里千年古道]

（3）文化

行走在千年的古道，触摸着久远的历史印记，耳畔是古老文化连绵不断地回响。

千年以来，她呼吸着历史赐予的文明空气，从古老的文明中汲取着天地精华。古老的文明告诉人们：

她是吴越文明的一支源流。她古老而不颓废，沧桑而不守旧。她是这片江山的伟大创造。

[钱王与文人墨客各领风骚，唐、宋、元、明、清各个朝代的宝塔以及廊桥、石拱桥、古民居等古建筑。]

公元852年，吴越文化的创立者——钱王，诞生在这片土地上。他智勇双全、文韬武略，在“善事中国，保境安民”的国策指导下，大力发展农田水利等基本建设，扩建杭州、苏州等中心城市，成了“上有天堂，下有苏杭”的奠基人，最终使吴越的经济和文化位于那个时代的前列。

[字幕：钱王陵园]

“诗文、宝塔、陵园”给这里留下了丰厚的吴越文化遗产，而“禅林、古道、巨树” 则给了这里无限的禅缘。古道因禅宗而起，巨树因禅宗而植。禅文化是天目山的灵魂。

[禅源寺、普照寺、卧龙寺、天目山禅文化]

千年的文脉渗透到她的每一寸肌理，继而转化成世代相传的基因，这同时也注定了她在安静的过往中真实地保留了属于她的乡土文化，这是历经上千年的风雨留传于后世的乡土精华，被守望家园的后人们郑重地列入非物质文化遗产，一代代延续着乡土的纯粹。

从田野和森林中形成的乡土精神，进一步把古老的耕作文明与现代的生态农业结合在一起，催生着一棵又一棵摇钱树，发展特色经济成了她的真实写照。

[字幕：临安三宝——“山核桃、竹子、香榧”]

[山核桃开竿节]

(4) 发展

历史和人文，以一种自然的安静姿态，被凝固在山水的每一个角落。而如今的临安，不但恢复了若干年前的鼎盛状态，且超越了以往的任何时代。

她善于“吐故纳新”。她把独有的自然财富融入城市的血液，生态城市的容光焕发，让自然休闲、人文旅游、度假、会展等项目独领风骚。

[青山湖休闲度假旅游区、太湖源乡村度假旅游区、天目山森林生态旅游区、太湖源乡村度假旅游区、浙西大峡谷生态观光旅游区、大明山高山度假旅游区。]

[姚明、叶莉在青山湖拍摄甜蜜结婚照]

生态城市的发展从来都与智力的支持息息相关。这里诞生了一座花园式的高校——浙江林学院。她继承并发扬了这座城市的文脉，又流淌着绿色的血液，50年的悠久历史让她成为一座省属全日制本科院校。以农林为特色的人才输出让这座城市在反哺中得到灵性的升华。

[字幕：浙江林学院]

“融入大都市，接轨大上海”。这是她面对时代的潮流所做出的新姿态。在绿色与繁华的碰撞中，无论是产业的转移，还是高新技术的大力发展，她都努力扮演好自己的角色，“生态经济化、经济生态化”成了她的宣言。

[玲珑工业功能区、装备制造业、生物制药、新材料、环保产业、信息产业等高技术产业的发展。]

生生不息地发展城市的未来。得天独厚的自然生态环境，成为这座城市的品质。生态经济成为城市的态度，自然、文化、工业的和谐发展是对这座生态城市的最高礼赞。

她让这座城市的经济进入一种良性循环，也决定了她必然在长长的未来里厚积薄发。

[杭徽高速公路沿线特色制造业产业带，省级经济开发区]

环境牌就是发展牌，这是慧眼之识，智者之举。

这就是临安，一座绿色的会呼吸的城市、一个平安和谐的首善之区。

本案例的重点、难点

层与层的叠加关系；动态Mask的范围选择；After Effects基本属性与层叠加属性的综合应用。

【技术要领】层与层的叠加关系；动态Mask的范围选择；After Effects基本属性与层叠加属性的综合应用。

【解决问题】属于层与层叠加的基本原理和常见使用方法。

【应用领域】影视后期。

【素材来源】光盘\模块07\素材。

【效果展示】光盘\模块07\效果展示\箭门关.mov。

操作步骤详解

新建工程文件导入素材

01 启动After Effects CS5，在引导页对话框中选择【New Composition】选项，如图7-1所示，弹出【Composition Settings】对话框，将【Composition Name】命名为“湖面色彩调整”，设定【Width】为“720px”、【Height】为“405px”，设定【Pixel Aspect Ratio】为“Square Pixels”，设定【Resolution】为“Full”，设定【Duration】为“0:00:04:20”，如图7-2所示。单击【OK】按钮完成项目工程文件的设置，保存项目文件至硬盘。

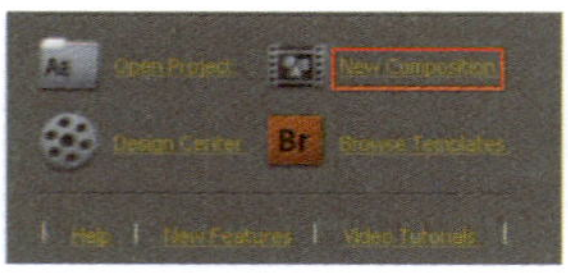
图7-1　新建项目工程文件

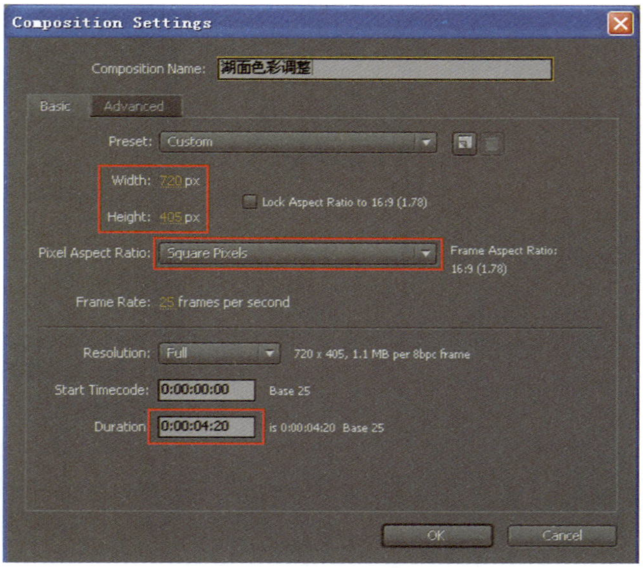

图7-2　设置项目工程文件参数

02 选择【File】>【Import】>【File】命令，弹出【Import File】对话框，选择“模块07\素材\箭门关.mov”素材文件，单击【OK】按钮完成素材的导入。如图7-3所示，在【Project】编辑区右击【箭门关.mov】素材，在弹出的快捷菜单中选择【Interpret Footage】>【Main】命令，弹出【Interpret Footage】对话框。在【Fields and Pulldown】选项组中的【Separate Fields】下拉列表中选择【Upper Field First】选项（上场优先），单击【OK】按钮完成场信息的设置，如图7-4所示。

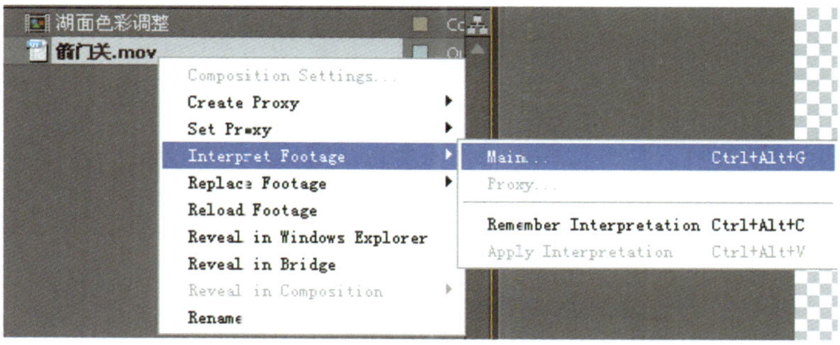

图7-3　项目工程文件右键菜单

图7-4　项目工程文件设置

03 在【Project】编辑区按住鼠标左键并将“箭门关.mov”素材拖放至湖面色彩调整Composition中，如图7-5所示。

图7-5　将素材拖入时间线

动态Mask 02 湖面区域选择

04 要对湖面进行色彩调整就需要将湖面进行部分选择，本例选用Mask简单勾选的办法选择湖面部分，将时间线光标拖动至画面第1帧位置，如图7-6所示。选择钢笔工具沿着湖面边缘，将湖面选择出来，如图7-7所示。

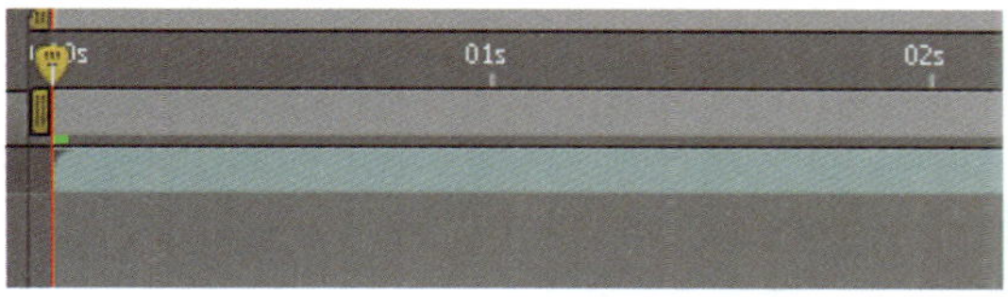

图7-6　将时间线光标置于第1帧位置

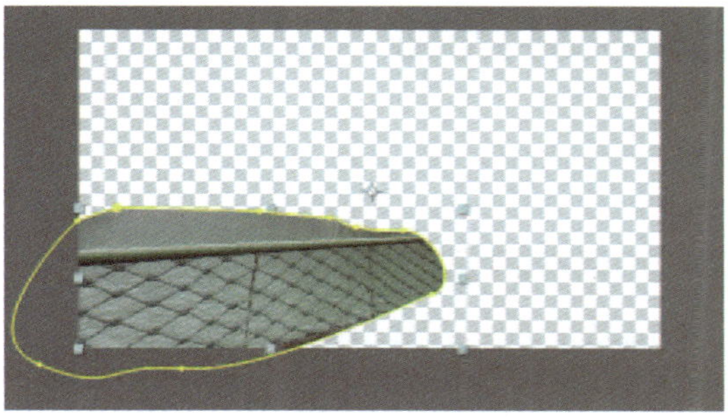

图7-7　选择湖面

05 打开【Mask】参数调整菜单，如图7-8所示。激活【Mask Path】前面的关键帧开关，对Mask的关键帧进行设置。接着将时间线光标拖动到素材的最后一帧，将Mask重新绘制，将最后一帧的湖面选择出来，如图7-9所示。

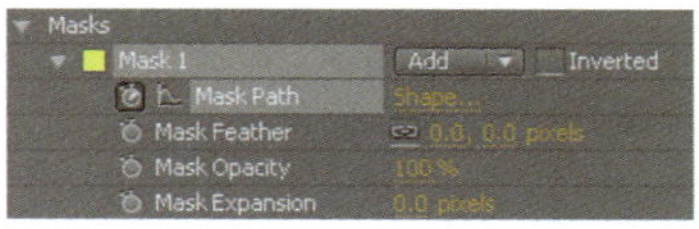

图7-8　激活【Mask Path】关键帧开关

图7-9　最后一帧的Mask制作

06 将时间线光标拖动到素材的中间位置，如图7-10所示，将湖面用Mask选择出来，如图7-11所示。

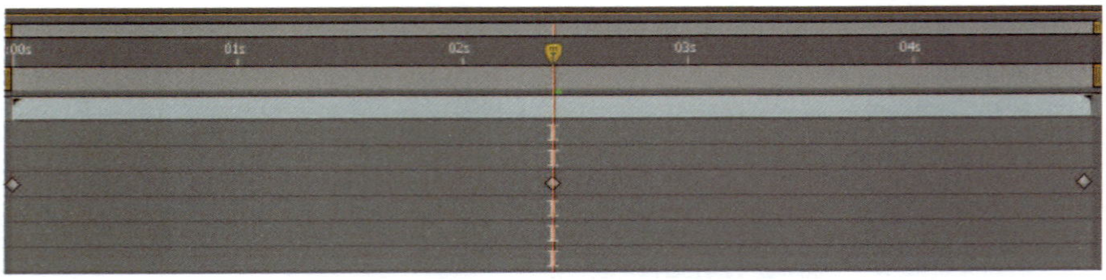

图7-10　将时间线光标移动到素材的中间位置

图7-11　Mask绘制

07 根据前面介绍的方法再在两个相邻的关键帧之间设置关键帧，设定动态Mask，直到将湖面动态选择出来为止。具体的操作不在这里做详细介绍了，关键帧设置完成，如图7-12所示。

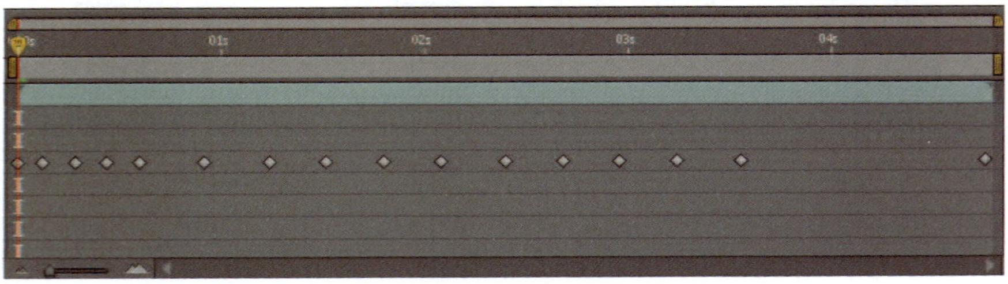

图7-12　关键帧设置

湖面色彩调整

08 将动态Mask制作完成之后，就要开始对水面进行调色处理了。首先在【Project】中单击鼠标左键不放将“箭门关.mov”素材拖动到时间线，放在做过Mask的那段素材下面，修改命名为“箭门关02”，如图7-13所示。

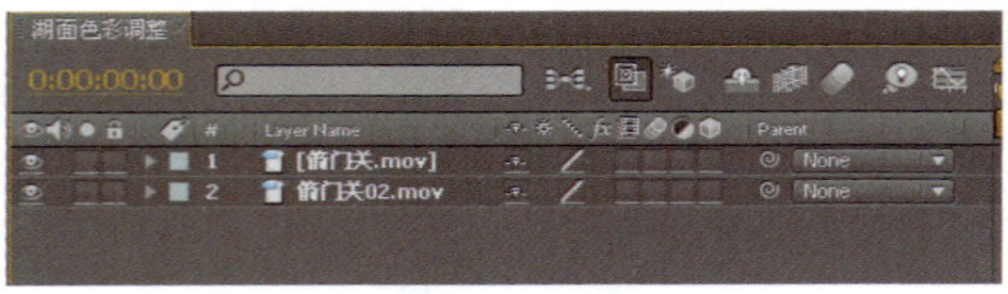

图7-13　修改素材名称为“箭门关02”

09 在时间线左下角单击 【Expand Or Collapse The Transfer Controls Pane】按钮，打开【Mode】（层叠加模式）与【Trkmat】（遮罩设置对话框），如图7-14所示。

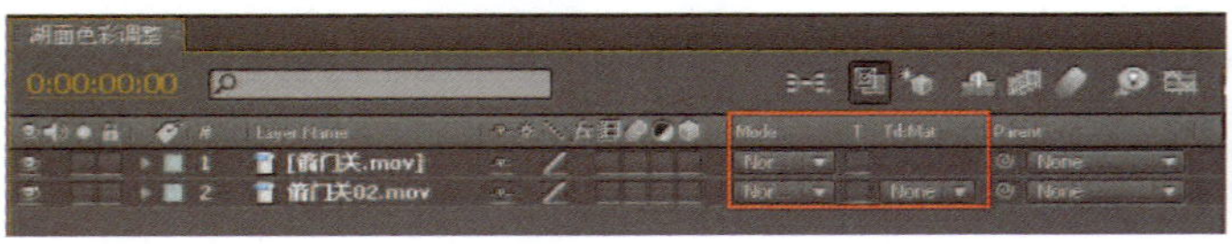

图7-14　打开【Expand Or Collapse The Transfer Controls Pane】设置框

10 将“箭门关.mov”图层的【Mode】层与层的关系设置为【Multiply】乘法叠加模式[03]，如图7-15所示。制作效果如图7-16所示。

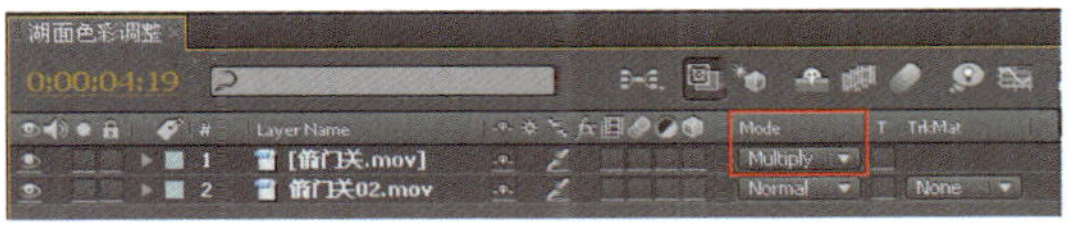

图7-15 设置【Multiply】乘法叠加模式

图7-16 添加【Multiply】乘法叠加模式后湖面效果

11 通过叠加方式的制作可以发现湖面部分的层次和神韵已经初步体现，但是在湖面与山体边缘相交的部分还比较生硬，那是因为利用Mask之前和之后的图层在变化的时候没有过渡所致。打开“箭门关.mov”层Mask参数中的【Mask Feather】羽化选项，也可以通过选中“箭门关.mov”图层，按【F】键找出【Mask Feather】羽化选项，将连接开关设置为打开状态，并将纵向的羽化值设置为“54.0 pixels”，如图7-17所示。

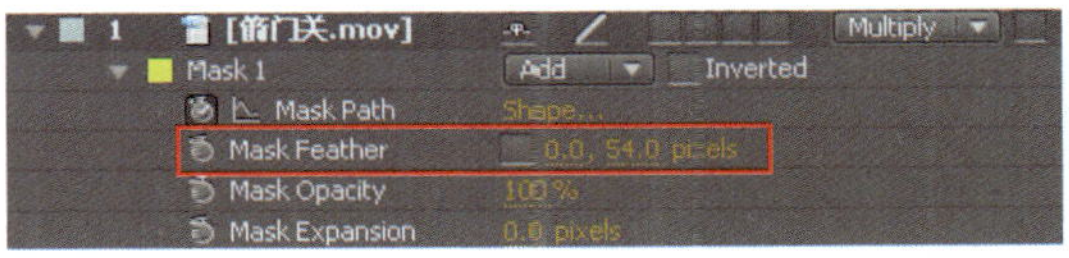

图7-17 【Mask Feather】羽化参数设置

通过羽化效果的制作，交叉部分就变得自然很多，如图7-18所示。

图7-18 湖面调色完成效果图

树叶色彩调整

12 通过前面的操作，湖面的色彩已经调整完成，但是山体的树叶还是显得比较灰，层次感不够，通俗地讲就是树叶不够绿。下面将对树叶的颜色进行调整。新建一个绿色“Solid”层，颜色参数为（R：1，G：184，B：14），如图7-19所示。

图7-19　新建一个绿色【Solid】层

13 按照设置湖面Mask的方法，利用前面介绍的动态Mask调整方法将部分树叶选择出来，如图7-20所示。

图7-20　利用Mask选择出树叶部分

14 接着就要开始对绿色“Solid”层进行处理，选择绿色“Solid”层的【Transform】>【Opacity】不透明度选项，将【Opacity】不透明度参数调整为24%，如图7-21所示。制作效果如图7-22所示。

图7-21　不透明度参数调整

图7-22　不透明度调整后的效果

15 打开绿色“Solid”层Mask参数中的【Mask Feather】羽化选项，也可以通过选中绿色“Solid”图层，按【F】键找出【Mask Feather】羽化选项。将Mask1的羽化值设置为“120.0pixels”，效果如图7-23所示。

图7-23　树叶色彩调整完成后效果

天空色彩处理

16 树叶的色彩处理完成之后，发现天空也显得比较灰，不够蓝，没有层次感，就需要对天空的色彩进行调整。调整天空的颜色有多种办法，这里选择一种较为简单的并且效果也不错的方法，新建一个蓝色的“Solid”层，设置颜色参数为（R：0，G：92，B：229），如图7-24所示。

17 按照设置湖面Mask的方法，利用前面介绍的动态Mask调整方法选择部分天空（在这里就以单帧画面的调整为例），如图7-25所示。

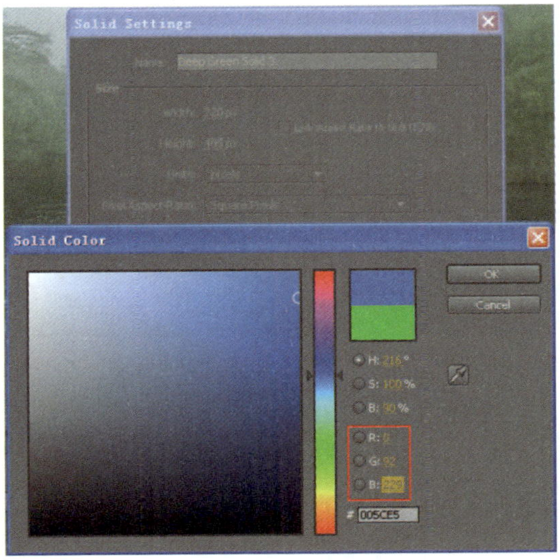

图7-24　新建蓝色【Solid】层

图7-25　利用Mask选择出部分天空

18 下面开始对天空蓝色“Solid”层进行处理，选择天空蓝色“Solid”层的【Transform】>【Opacity】不透明度选项，将【Opacity】不透明度参数调整为“30%”，如图7-26所示。制作效果如图7-27所示。

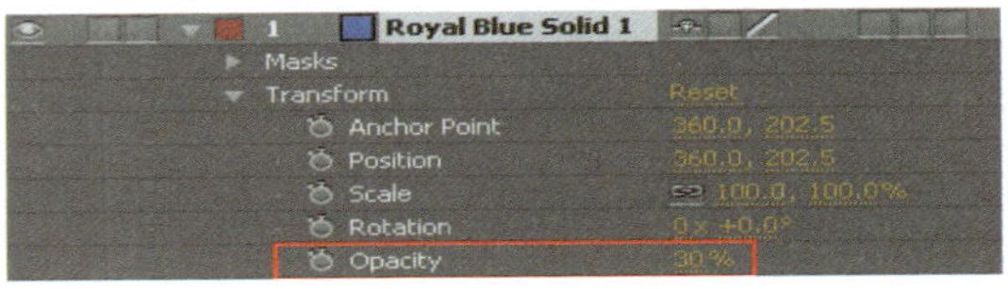

图7-26　不透明度参数调整

图7-27　不透明度调整后效果

19 打开天空蓝色“Solid”层Mask参数中的【Mask Feather】羽化选项，也可以通过选中天空蓝色“Solid”图层，按【F】键找到【Mask Feather】羽化选项，并将Mask的羽化值设置为“143.0，143.0 pixels”，如图7-28所示。效果如图7-29所示。

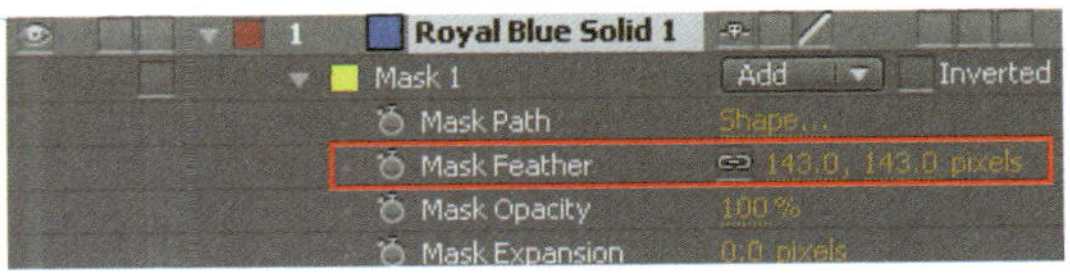

图7-28　【Mask Feather】羽化参数设置

图7-29　羽化后效果展示

20 在时间线左下角单击【Expand Or Collapse The Transfer Controls Pane】按钮，打开层【Mode】层叠加模式与【Trkmat】遮罩对话框，如图7-30所示。

图7-30　打开【Expand Or Collapse The Transfer Controls Pane】设置框

21　将此图层的【Mode】（层叠加模式）设置为【Overlay】乘法叠加模式，如图7-31所示。制作的效果如图7-32所示。

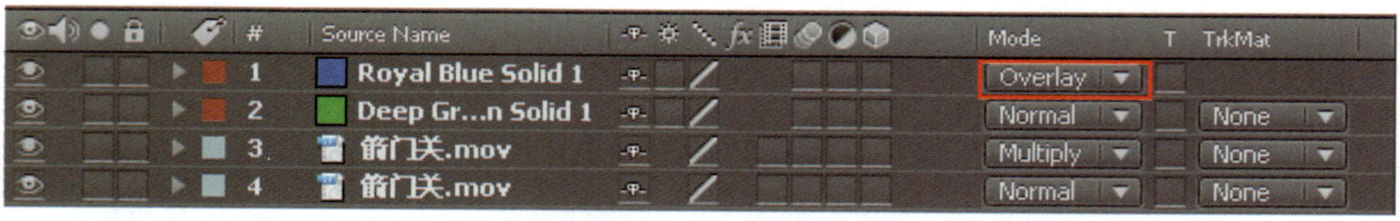

图7-31　【Overlay】叠加模式

图7-32　天空制作效果展示

整体色调调整

22　将湖面、树叶、天空的局部调整完成之后，虽然单个部分的画面效果都有很明显的提高，但是整体的融合度还是达不到理想的效果。这就需要对整体的画面色调进行调整。在时间线窗口中右击鼠标，选择【New】>【Adjustment Layer】（调节层）命令，如图7-33所示。

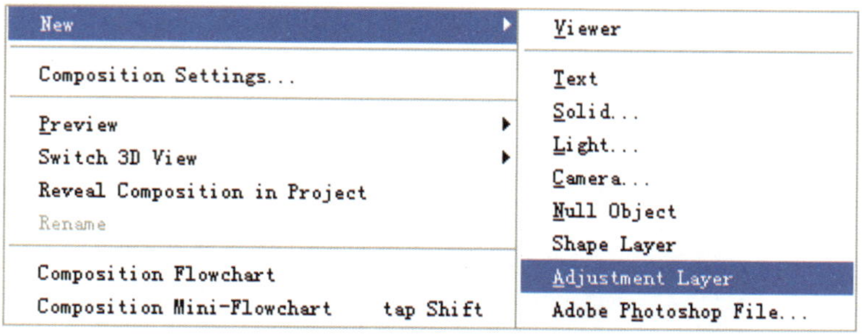

图7-33　选择【Adjustment Layer】（调节层）命令

23　在调节层中选中此图层，选择【Effect】>【Color Correction】>【Photo Filter】[04]滤镜组，如图7-34所示。

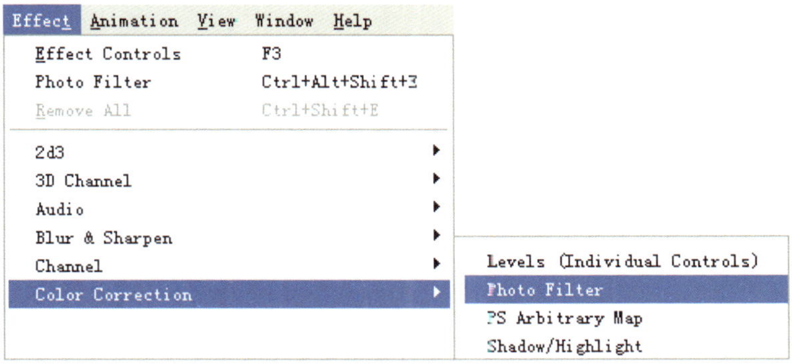

图7-34 选择【Photo Filter】滤镜组

24 对【Photo Filter】滤镜参数进行调整，将【Filter】设置为“Cooling Filter（82）”再将【Density】参数调整为“20.0%”，如图7-35所示。制作完成之后的参考图如图7-36所示。

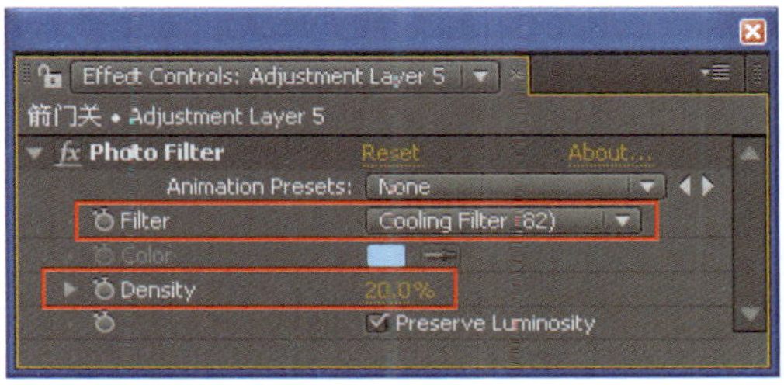

图7-35 【Photo Filter】滤镜参数设置

图7-36 最终效果

模块 07 城市形象宣传片——杭州临安

知识点拓展

01 色彩调整的基本步骤

色彩调整是整个影视后期项目制作当中非常重要的部分。

在制作影片时，经常会遇到天气、设备等外部原因，导致拍摄出的画面和最终想要的效果有很大的差别，或者需要使前后镜头色彩变得协调等。这时就需要对画面色彩进行调整。

色彩调整分为3个步骤。

1. 校色（一级调色）

校色也称为一级调色，它是指对拍摄回来的原始素材进行亮度、颜色和色彩饱和度的调整，以还原到与人眼所看到的环境一致。

接触过影视后期制作的读者肯定了解，在实景拍摄时因为天气、外部环境或者是设备的因素，拍摄出来的原始素材肯定与人眼看到的或画面所需要的效果有很大的差距[a]，这样的差距往往体现在原始拍摄素材画面会比较灰；色彩饱和度比较低；拍摄画面没有层次感，原始拍摄画面如图7-37所示。

图7-37　原始拍摄画面

图7-37就是原始拍摄的画面，因为临安下雨，天气比较暗，属于亮部的地方不够亮，属于暗部的地方又不够暗，所以拍摄出来的原始画面就会显得比较灰，整体效果不是很理想。那么在后期处理时就需要将画面的整体亮度[b]、对比度等进行调节，让画面的层次感体现出来，如图7-38所示。

经验

ⓐ摄像机对色彩和亮度的还原与人眼有很大的差别，人眼是最精密的光学仪器，所以在拍摄当中经常会遇到拍摄出来的实景画面与眼睛所看到的不一样，所以在后期就要将这样的差别进行校正。

经验

ⓑ拍摄时间的选择也非常重要，如果是要拍外景，没有特殊要求最好选在阳光明媚，天高气爽的时候，这样拍摄的画面清晰度就会比较高。后期的校正内容会比较少。

图7-38　校色后的画面

2. 局部调色©（二级调色）

校色完成之后就要开始对画面的局部色彩进行调整。局部调色也称为二级调色，就是对画面单独部分进行色彩调整。如图7-39所示的原始画面，在前面案例讲解中讲到，湖面比较灰，层次感不够，就用Mask选择工具将部分湖面选择出来，对其进行单独调整，对画面中的一个局部进行调整。

图7-39　对湖面进行调整

如图7-40所示的图像就是经过湖面局部调色后的画面，在这个例子中，还需要对树叶、天空、山体等部分进行局部调色，以达到湖面所需要的效果。

图7-40　湖面进行校色后的画面

经验

©局部调色的难点在于需要调色局部的选定，After Effects是一款平面软件。要选择出画面当中的一个部分其实并不是一件容易的事情，除了应用Mask之外还可以利用一些选色的滤镜，如Change Color滤镜，对局部进行调整。

这里介绍一款插件Color Finesse，这款滤镜对局部色彩调整有非常好的效果。

3. 整体色彩调整

整体色彩的调整就是对画面整体色调的控制，为了整体画面的色彩统一和情绪要求，将会对画面进行整体的色彩控制。如图7-41所示为一则MTV，上面的截图是整体色调统一前的画面，下面的截图是添加整体色调统一后的画面，仅看这两个视频截图并不能定结论说进行过整体色调调整的画面就一定比较好看。但这则MTV述说一个残疾的女孩从忧郁到开朗起来的过程，蓝色ⓓ代表忧郁，所以在这则MTV中前面部分表现女孩忧郁的镜头都是统一的蓝色基调，符合了这段影片的画面情绪要求。

图7-41 MTV《飞翔》中截图对比

经验

ⓓ蓝色的色彩基调：蓝色是灵性和知性兼具的色彩，在色彩心理学的测试中发现几乎没有人对蓝色反感。明亮的天空蓝，象征希望、理想、独立；暗沉的蓝，意味着诚实、信赖与权威。正蓝、宝蓝在热情中带着坚定与智能；淡蓝、粉蓝可以让自己，也让对方完全放松。蓝色在美术设计上，是应用度最广的颜色；在穿着上，同样也是最没有禁忌的颜色，只要是适合自身（皮肤色彩属性）的蓝色，并且搭配得宜，都可以放心穿着。想要使心情平静时、需要思考时、与人谈判或协商时、想要对方听你讲话时可穿蓝色。

黄色的色彩基调：黄色是明度极高的颜色，能刺激大脑中与焦虑有关的区域，具有警告的效果，所以雨具、雨衣多半是黄色。艳黄色象征信心、聪明、希望；淡黄色显得天真、浪漫、娇嫩。艳黄色有不稳定、招摇，甚至挑衅的味道，不适合在任何可能引起冲突的场合穿着，如谈判场合。黄色适合在快乐的场合穿着，比如生日会、同学会，也适合在希望引起人注意时穿着。

02 添加Mask的类型和Mask的基本操作参数

1. Mask的类型

Mask的类型可以分为自带图形与钢笔工具两个类型。

（1）Mask的自带图形

Mask的自带图形是After Effects预设置的一些基本的Mask图形，如图7-42所示。

图7-42　Mask图形选择菜单

- 【Rectangle Tool】方形工具。ⓔ
- 【Rounded Rectangle Tool】倒角方形工具。
- 【Ellipse Tool】圆形工具。
- 【Polygon Tool】多边形工具。
- 【Star Tool】五角星形工具。

（2）Mask钢笔工具。ⓕ

Mask钢笔工具是无规则随意编辑的Mask工具，可利用钢笔工具对不规则的选区进行划定，如图7-43所示。

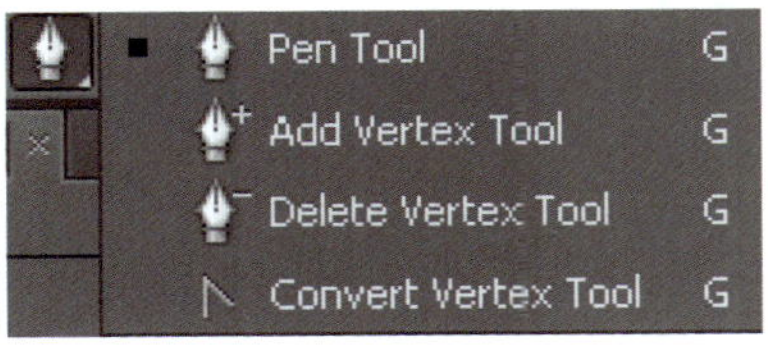

图7-43　钢笔工具菜单

- 【Pen Tool】钢笔工具。
- 【Add Vertex Tool】添加点工具。
- 【Delete Vertex Tool】删除点工具。
- 【Convert Vertex Tool】编辑点工具。

2. Mask的基本参数

在影视后期制作当中，Mask的应用非常广泛，在需要绘制一些简单的图形或者是在一些复杂的场景中选择需要的局部画面时，Mask的功能就很好地体现出来了。在编辑和制作Mask的时候要对Mask的基本参数进行调整，如图7-44所示。

注意

ⓔ在制作任何规则图形的Mask时，需要注意的是在制作时按住【Shift】键不放进行建立时，绘制出的图形都是正图形。也就是说如果按住【Shift】键不放绘制方形，那么绘制出来的Mask就是正方形。如果按住【Shift】键不放建立圆形Mask，那么绘制出来的圆形是正圆形。

技巧

ⓕ在色彩调整的制作当中，对局部画面利用Mask进行选择并调整后，一般情况下都会加一些羽化值，这样局部调整的画面与原素材画面交界处的过渡会显得很自然。

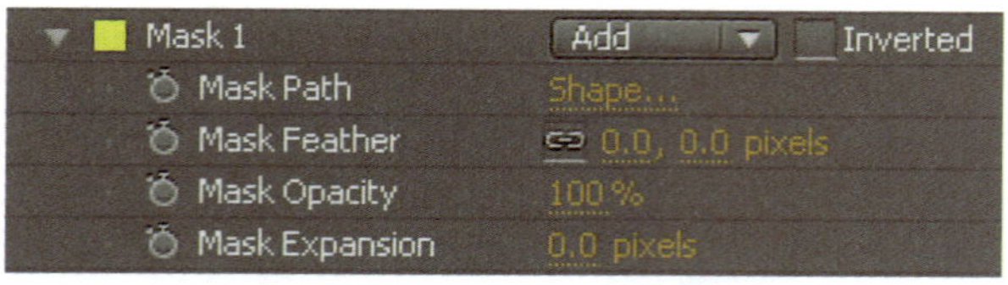

图7-44　Mask的基本属性

- 【Mask Path】遮罩形状。
- 【Mask Feather】遮罩羽化。
- 【Mask Opacity】遮罩不透明度。
- 【Mask Expansion】遮罩扩展。

03【Multiply】乘法叠加模式

叠加模式是层与层制作软件中非常重要的制作功能。在After Effects CS5中层与层的叠加模式有很多种，但是常用的是【Multiply】乘法叠加模式。

乘法叠加模式是指上图层与下图层进行乘法运算的方式，这种运算方式会使画面变暗[9]，如图7-45所示。

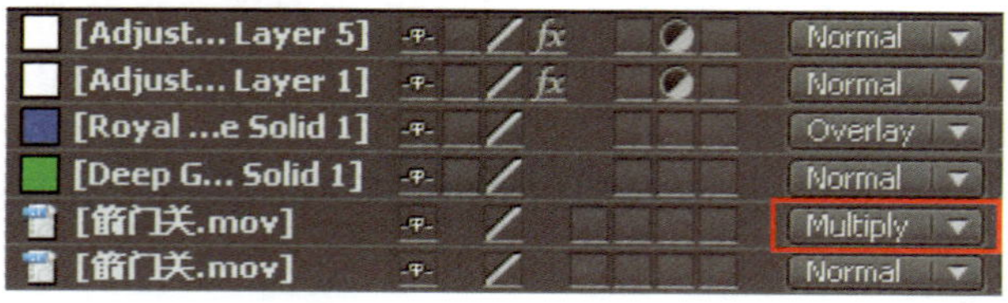

图7-45　乘法叠加模式

下面介绍层叠加模式的基本原理。先来了解一下计算机运算中的浮点运算方式。计算机的运算方式为二进制计算。在图像处理中有一个色彩位深的概念，一般把画面的灰度分为256个级别（0～255）就是8位色彩位深。把画面的灰度分为65536个级别也就是16位色彩位深。但32位的色彩位深就变成了浮点运算。

简单地说浮点运算就是小数之间的运算。小数之间的运算有一个特点就是拥有无限小的值，那么浮点运算就成为了无限值之间的运算。

返回【Multiply】乘法叠加模式，它利用浮点运算，也就是两个图层之间的亮度信息进行小数之间的乘法运算。

为了讲解方便，将一个画面的亮度信息定义为0～1之间的小数，0代表的是全黑，1代表的是全白。那么所有的亮度信息就完全可以用小数来表示。小数与小数相乘会越乘越小，并且两个数值小的小数相乘变小的程度会比两个数值较大的小数相乘变小的程度大很多。例如，0.1×0.1=0.001而0.9×0.9=0.81，0.1变为0.01变小了0.099，而0.9变为0.8减小了0.09。

注意

⑨在利用【Multiply】乘法叠加模式时要注意，【Multiply】乘法叠加模式属于将画面变暗的模式，如果需要将画面变亮可以使用【ADD】或者【Screen】叠加模式，不要使用【Multiply】乘法叠加模式。

由这些数据可以得出一个结论ⓕ，在两个图层进行乘法叠加的时候，整体画面都变暗，原来暗部的部分比亮部的部分变暗的程度更大。

04【Photo Filter】参数介绍

【Phcto Filter】滤镜是制作整体色调调整的一个非常重要的工具，滤镜如图7-46所示。

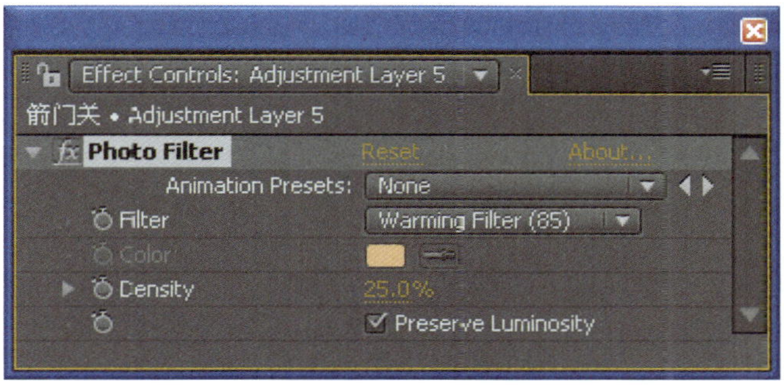

图7-46　【Photo Filter】参数

- 【Filter】ⓘ滤镜片颜色设置。
- 【Density】滤镜透明度。
- 【Preserve Luminosity】 预览开关。

技巧

ⓗ一般情况下，在对天空替换的制作和水面色彩调整的制作上经常使用【Multiply】乘法叠加模式。

技巧

ⓘ在对滤镜片的颜色进行设置时，不仅可以使用【Photo Filter】自带的【Warming Filter (85)】、【Warming Filter (81)】、【Cooling Filter (82)】和【Cooling Filter (80)】这些滤镜片，还可以设置任何滤镜片的颜色以达到影片制作效果的目的。

独立实践任务（3课时）

任务二　树叶色彩调整

任务背景

该镜头为《临安宣传片》的第一个镜头，用于展现临安自然风光。

任务要求

要将镜头画面中树叶的色彩进行调整，使树叶的色彩艳丽度提升，以达到美化画面的作用。

播出平台：多媒体、中央电视台及各地方电视台。

制式：PAL制。

任务参考效果图

【技术要领】Mask关键帧的使用，层的基本属性的使用。

【解决问题】利用本模块介绍的方法进行Mask关键帧的制作。

【应用领域】影视后期。

【素材来源】光盘\模块07\素材\女演员摇臂. mov。

【效果展示】光盘\模块07\效果展示\女演员摇臂——成片. mov。

任务分析

主要制作步骤

课后作业

1. 填空题

(1) 影视后期制作中色彩调整的3个步骤为 ______ 、 ______ 、 ______ 。

(2) 在进行Mask编辑时，【Mask】的基本属性为【Mask path】 ______ 、【Mask feather】 ______ 、【Mask opacity】 ______ 、【Mask expansion】 ______ 。

2. 单项选择题

(1)【Mask】属性编辑中【Mask feather】快捷键为 ______ 。

A. O　　B. T

C. Ctrl+O　　D. F

(2)【Photo Filter】滤镜属于 ______ 滤镜组。

A. Distrot　　B. Generate

C. Keying　　D. Color Correction

3. 多项选择题

(1) 在After Effects CS5中，对于生成遮罩（Mask）的描述正确的是 ______ 。

A. 可以用钢笔工具（Pen Tool）绘制自由遮罩

B. 可以用矩形和椭圆遮罩工具绘制规则遮罩

C. 可以在准备建立遮罩的目标层上右击鼠标，选择【Mask】>【New Mask】 命令，绘制各种遮罩

D. 可以利用在Adobe Photoshop CS 或Adobe Illustrator CS 中绘制的路径作为遮罩

(2) 下列哪几种混和模式使图层叠加后画面会变亮 ______ 。

A. Multiply　　B. Screen

C. Add　　D. Darken

08

模块

企业形象宣传片
——杭州国芯宣传片

能力目标

利用After Effects CS5制作宣传片中的转场特效

专业知识目标

1. 掌握分形噪波的使用技术，了解分形噪波的概念
2. 掌握粒子的使用技术

软件知识目标

1. Gradient Wipe插件的使用方法
2. Fractal Noise插件的使用方法
3. Form粒子插件的使用方法

课时安排

6课时（讲课3课时，实践3课时）

任务参考效果图

模拟制作任务（3课时）

任务一 城市大景与企业大门转场特效制作

任务背景

这是一部为《杭州国芯科技股份有限公司》制作的宣传片，杭州国芯是一家主要从事芯片研发的公司，在业界享有很高的知名度。客户想通过这部宣传片表现国芯十年来的风雨历程，展示国芯在行业内的一种地位，凸显国芯的品牌文化。

为了真实地反映国芯产品深入人们的日常生活，体现国芯精神，同时表现国芯十年来的风雨历程以及对美好发展前景的展望，我们选取了生活中的几个典型案例。将其加工后，以小故事的形式展现给观众。片中，人们为了美好生活的奋斗是一条明线，无处不在的国芯产品及精神是一条暗线，两者相结合，最后再点明：用“芯”塑造美好生活的主旨。

任务要求

在优秀的创意策划前提下，通过后期制作软件的技术方法，制作出漂亮而适当的转场特效，给予影片适当的点缀，提高影片的可看性。

任务分析

因为杭州国芯是一家主要从事芯片研发的公司，所以我们选用方块来做为转场特效的元素，体现出数字科技的感觉。再加上三维空间的镜头运动，极大地提高宣传片的视觉冲击力。

本案例的重点、难点

【Fractal Noise】、【Form】插件的使用。

【技术要领】Gradient Wipe特效的使用，Fractal Noise特效的使用，Form特效的使用。

【解决问题】通过第三方插件的应用增加影片的视觉效果。

【应用领域】影视后期。

【素材来源】光盘\模块08\素材。

【效果展示】光盘\模块08\效果展示\转场特效.mpg。

操作步骤详解

建立合成项目，导入素材文件

01 启动After Effects CS5，如图8-1所示，在引导页对话框中选择【New Composition】选项，弹出

【Composition Settings】对话框，将【Composition Name】命名为“转场特效”，设定【Preset】为“PAL D1/DV”，设定【Resolution】为“Full”，设定【Duration】为“0:00:02:00”，如图8-2所示，单击【OK】按钮完成项目工程文件的设置，保存项目文件至硬盘。

图8-1 引导页对话框

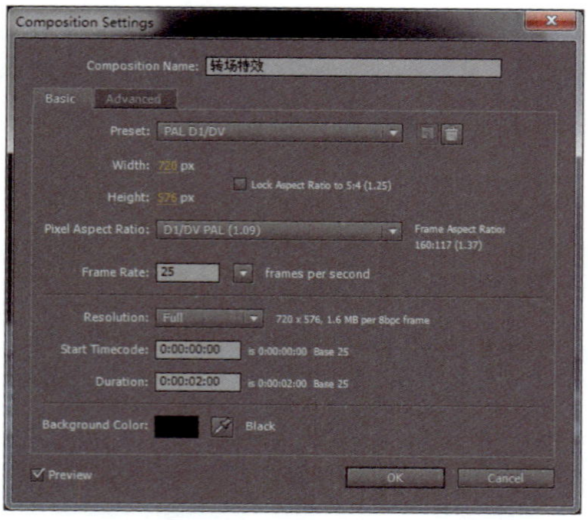

图8-2 新建项目对话框

02 按【Ctrl+I】组合键，弹出【Import File】对话框，选择“光盘\模块08\素材\城市大景.mov”和“企业大门.mov”两段素材文件，单击【OK】按钮完成素材导入，如图8-3所示。

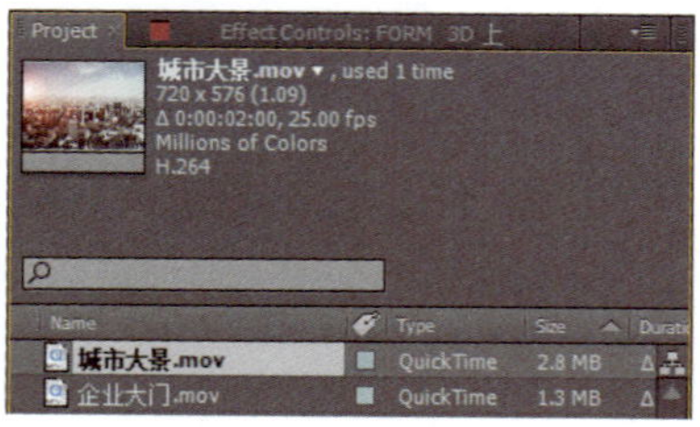

图8-3 素材存放区

03 选中“城市大景.mov”素材文件，按住鼠标左键不放，将素材拖至时间线编辑区；再将“企业大门.mov”素材文件拖至时间线编辑区，放在“城市大景.mov”素材文件的下面，如图8-4所示。

图8-4 将素材放至时间线编辑区

04 选中层1，按【Enetr】（回车键），将层1素材文件 改名为“上”，如图8-5所示；再将层2素材文件改名为“下”，效果如图8-6所示。

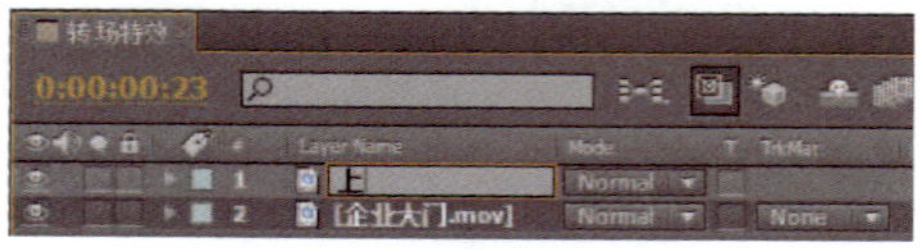

图8-5 将素材文件改名

图8-6 文件改名后效果

05 在时间线编辑区中，选中层 1 文件，将其合并为一个新的合成，按【Ctrl+Shift+C】组合键，弹出【Pre-compose】对话框，将【New composition name】设置为“上 合成”，选择【Move all attributes into the new composition】选项，单击【OK】按钮完成合并，如图 8-7 所示；再单击层 2 素材文件，合并为“下 合成”，效果如图 8-8 所示。

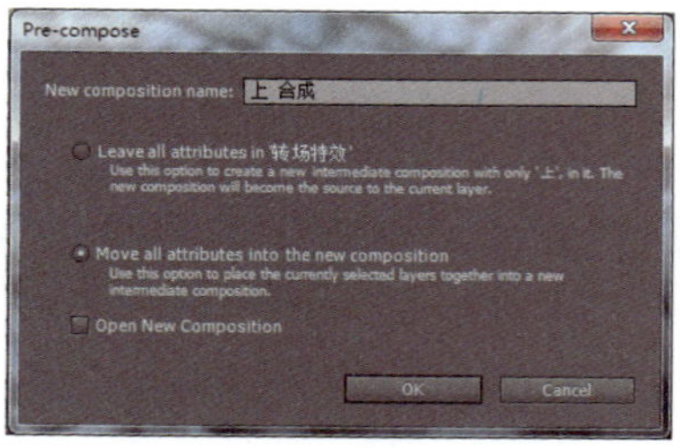

图8-7 合成对话框

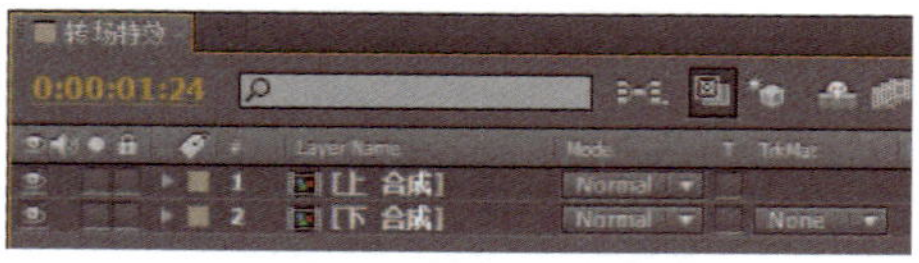

图8-8 素材合成效果

06 按【Ctrl+Y】组合键，弹出【Solid Settings】，设定名称为“渐变取样”，如图8-9所示，单击【OK】按钮完成设置。这时在时间线编辑区出现了一个新的固态图层，而原有图层顺序也会有所变化，如图8-10所示。

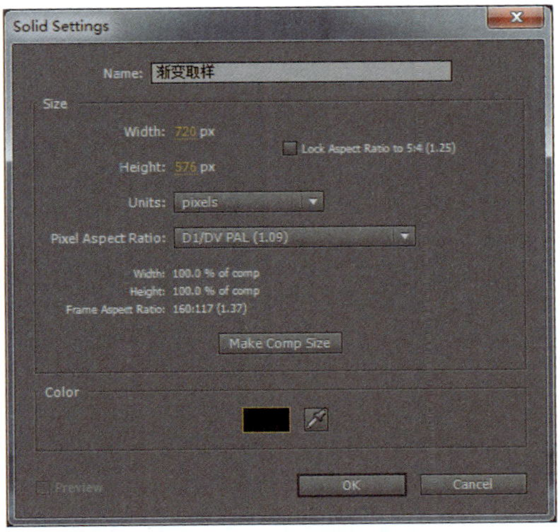

图8-9　新建固态层对话框

图8-10　时间线编辑区图层顺序

添加使用“Fractal Noise”特效

07 在时间线编辑区，选中层1，为层1添加“Fractal Noise”[01]特效。在层上单击鼠标右键[02]，选择【Effect】>【Noise&Grain】>【Fractal Noise】命令，在原【Project】窗口处会出现新的对话框【Effect Controls：渐变取样】（特效编辑区），如图8-11所示。

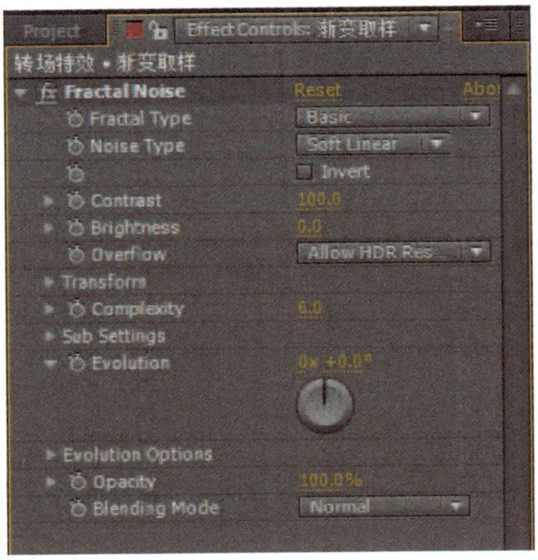

图8-11　特效编辑区

08 将【Noise Type】中的【Soft Linear】调整为【Block】，如图8-12所示；展开【Transform】前面的小三角，将【Scale】中的参数“100.0”调整为“40.0”，将【Complexity】中的参数“6”调整为“1.5”，如图8-13所示；调整后，效果如图8-14所示。

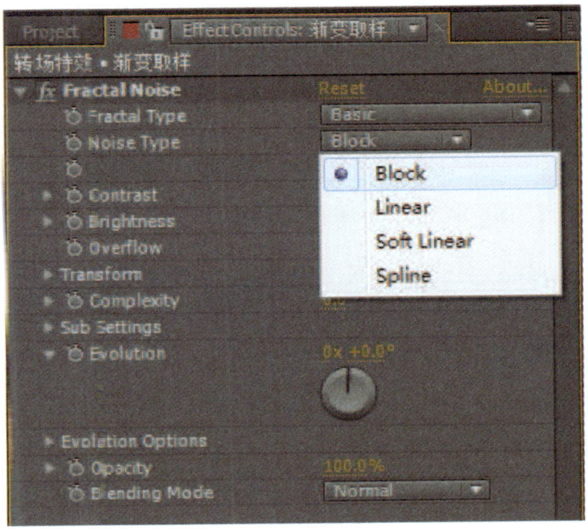

图8-12　“Soft Linear”选项

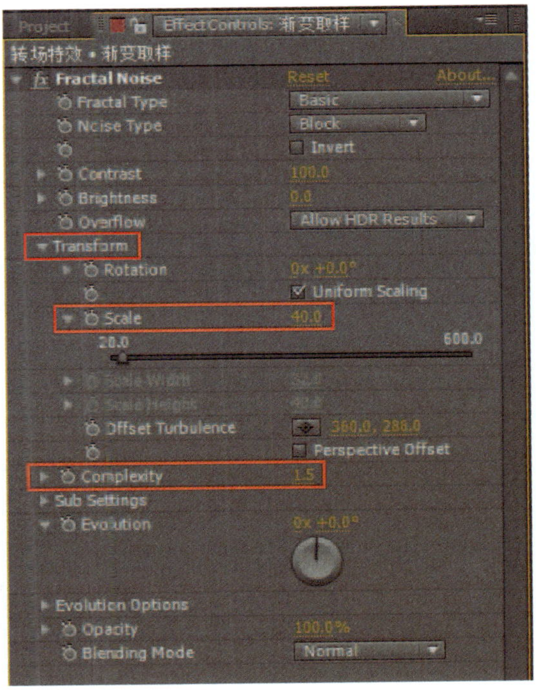

图8-13　“Fractal Noise”参数调整

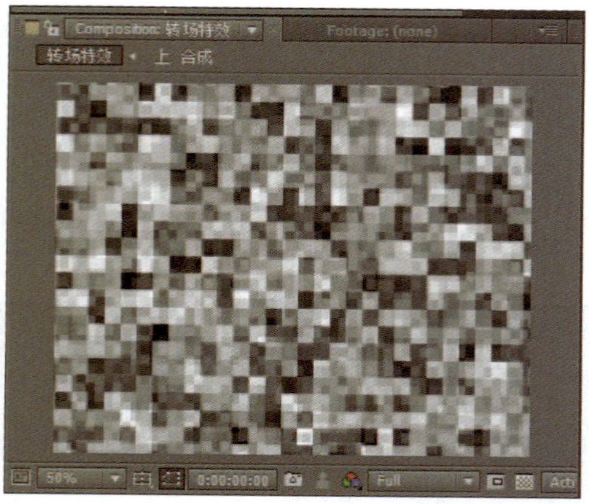

图8-14 “Fractal Noise”参数调整后效果

09 在时间线编辑区中，选中层1，按【Ctrl+Shift+C】组合键，将其合并为一个新的合成，弹出【Pre-compose】对话框，将【New composition name】设置为“渐变取样”，选择【Move all attributes into the new composition】选项，如图8-15所示；单击【OK】按钮完成合并，关闭层1文件前面的[icon]。效果如图8-16所示。

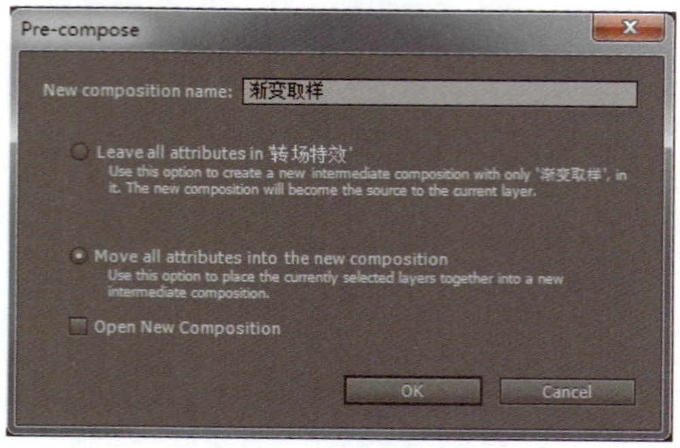

图8-15 合成对话框

图8-16 关闭层1的显示按钮

添加使用“Gradient Wipe”特效

10 在时间线编辑区中，选中层2，为层2添加“Gradient Wipe”特效，在层2上单击鼠标右键，选择【Effect】>【Transition】>【Gradient Wipe】命令，将【Gradient Layer】中的“2.上 合成”调整为“1.渐变取样”，如图8-17所示。

图8-17 “Gradient Wipe”特效界面

11 单击素材编辑窗口右上角的黄色时间显示区，输入数字“1”，按【Enter】键结束编辑，时间线上的指针会移动第一帧的位置，如图8-18所示。

图8-18 通过准确数值移动光标的位置

12 在特效编辑区，将【Gradient Wipe】中的【Transition Completion】前面的关键帧开启；将【Transition Softness】的参数“0%”调整为“30%”，如图8-19所示。

图8-19 “Gradient Wipe”特效参数调整

13 在时间线编辑区，单击素材编辑窗口左上角的黄色时间显示区，输入数字“100”，按【Enter】键结束编辑，时间线上的指针会移动到“01:00”的位置，选中层2，按【U】键，展开层2的关键帧显示，如图8-20所示。

图8-20 通过准确数值移动光标的位置

14 在特效编辑区，将【Gradient wipe】中的【Transition Completion】的参数“0%”调整为“100%”，如图8-21所示，时间线上会自动产生一个关键帧，如图8-22所示。这样就会产生一个渐变的效果，如图8-23所示。

图8-21 “Gradient Wipe”特效参数调整

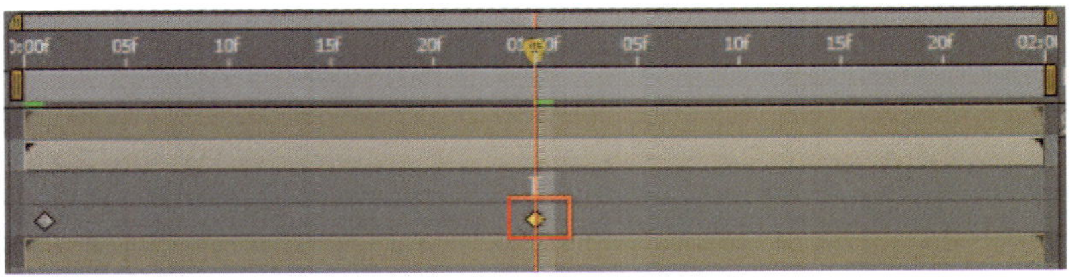

图8-22 时间线上关键帧显示

图8-23 添加关键帧后的效果

15 在特效编辑区，选中特效“Gradient Wipe”，按【Ctrl+C】组合键，复制特效“Gradient Wipe”；在时间线编辑区，将时间线的指针移动到“01：00”的位置，选中层3,按【Ctrl+V】组合键，粘贴特效“Gradient Wipe”；选中层2和层3文件，按两下【U】键，如图8-24所示；这样层2的特效动画就复制到层3上面，效果如图8-25所示。

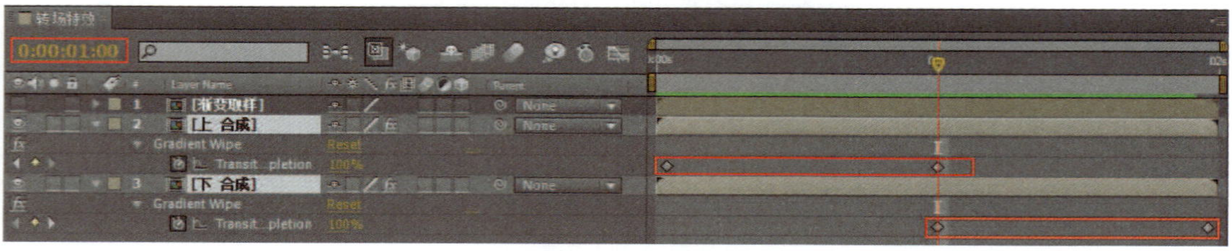

图8-24　关键帧显示

图8-25　粘贴关键帧后效果

16 在时间线编辑区，选择层3中的两个关键帧，在其中一个关键帧上单击鼠标右键，选择【Keyframe Assistant】>【Time-Reverse Keyframes】,如图8-26所示，将两个关键帧做一个反向，这样整个特效转场就有一个入，一个出的效果，如图8-27所示。

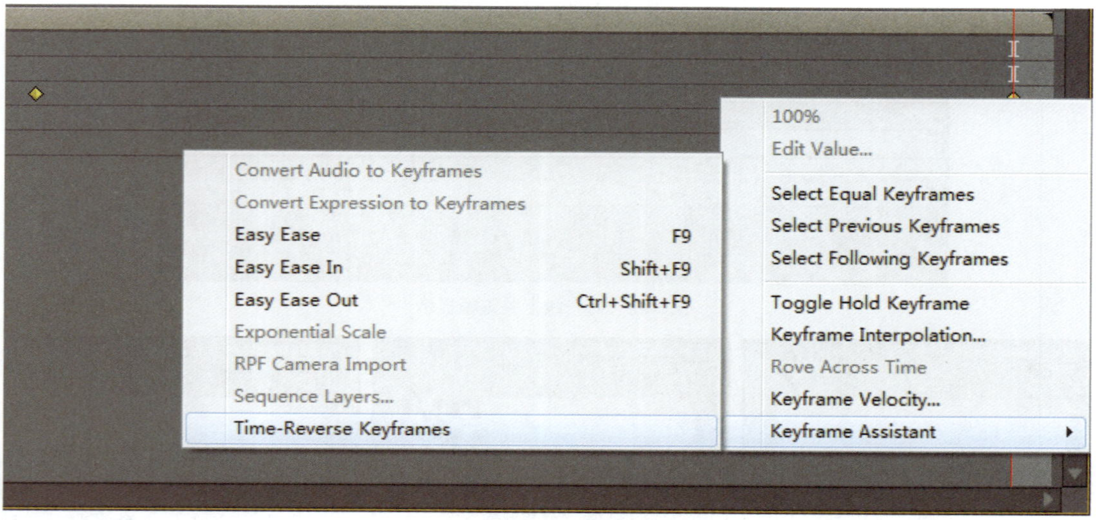

图8-26　变换关键帧位置

图8-27　变换关键帧后的效果

添加使用“Form”特效

17 在时间线编辑区，按【Ctrl+Y】组合键，弹出【Solid Settings】对话框，固态层取名为“FORM 3D”，如图8-28所示，单击【OK】按钮完成设置。

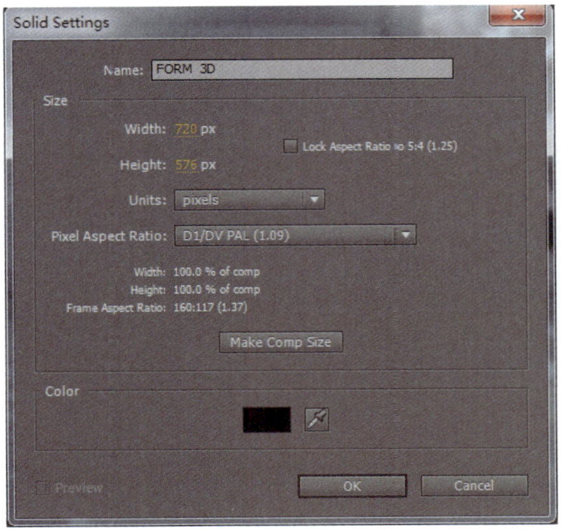

图8-28　新建固态层对话框

18 在时间线编辑区，选中层1，单击鼠标右键，选择【Effect】>【Trapcode】>【Form】[04]命令，添加该插件特效，单击【Base Form】前面的小三角，将【Size X】参数调整为“800”，将【Size Y】参数调整为“580”，将【Particles in X】参数调整为“60”，将【Particles in Y】参数调整为“50”，将【Particles in Z】参数调整为“1”，如图8-29所示。

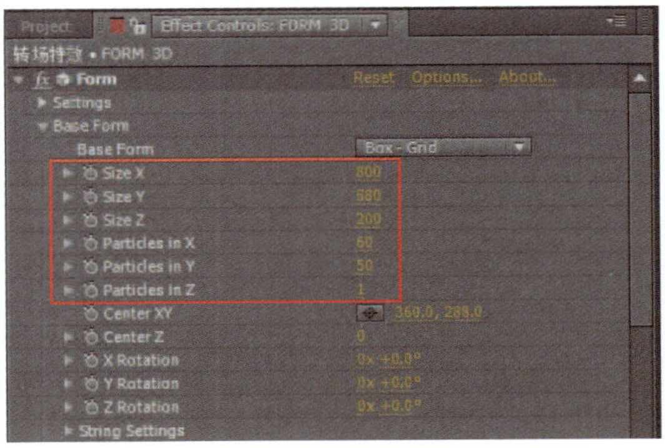

图8-29　“Form”特效参数调整

19 按【Ctrl+N】组合键，弹出【Composition Settings】对话框，取名为“方块”；取消选中【Lock Aspect Ratio to 1：1（1.00）】复选框，将【Width】参数调整为“50”，将【Height】参数调整为“50”，将【Duration】参数调整为“0:00:00:01”，如图8-30所示，单击【OK】按钮完成设置。

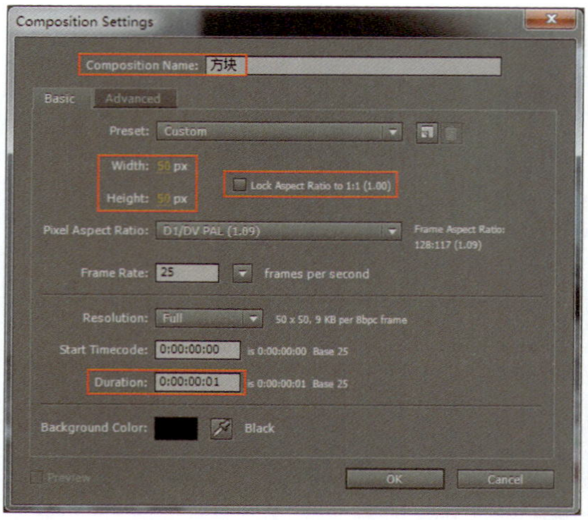

图8-30　新建合成参数调整

20 按【Ctrl+Y】组合键，弹出【Solid Settings】对话框，单击【Color】中的取色框，将颜色调整为“白色”，如图8-31所示，单击【OK】按钮完成设置。

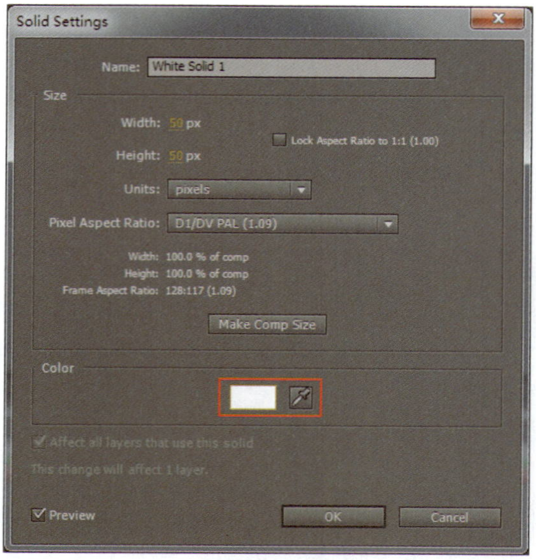

图8-31　固态层设置

21 回到“转场特效”合成，将【Project】窗口中刚刚新建的“方块”合成拖入时间线编辑区的层5，并关闭层5的显示按钮，如图8-32所示。

22 在时间线编辑窗口中，选中层1，按【F3】键将特效编辑区调出，将【Form】下的【Particle】展开，将【Particle Type】中的选项调整为“Custom Colorize”，展开【Custom】，将【Layer】中的选项调整为“5.方块”，将【Time Sampling】中的选项调整为“Random - Still Frame”，；将【Size】参数调整为“6”，将【Size Random】参数调整为“50”，将【Opacity Random】参数调整为“50”如图8-33所示。

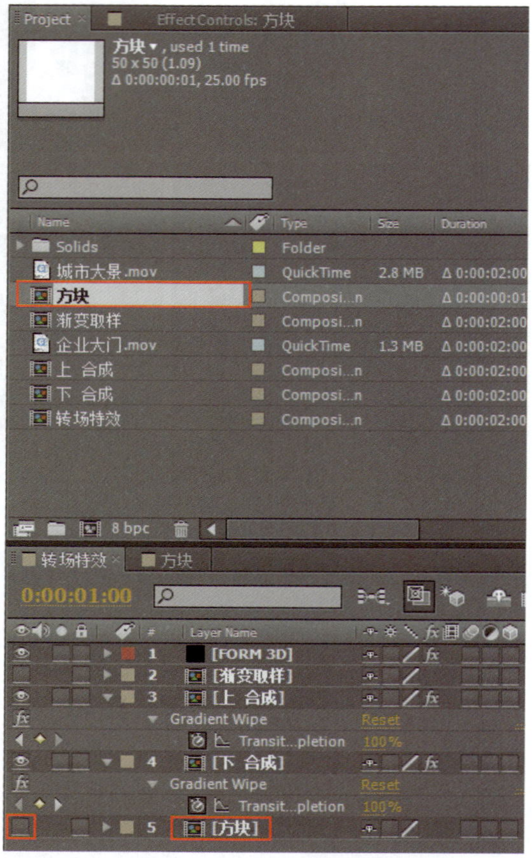

图8-32　将新建的“方块”合成拖入时间线编辑区

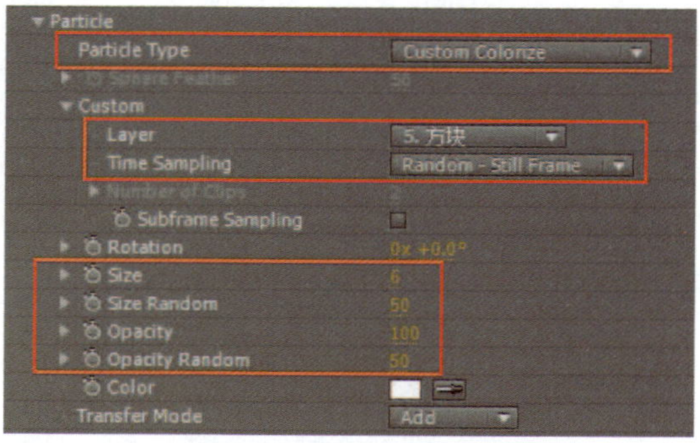

图8-33　“Particle”参数调整

23 展开【Layer Maps】,打开【Color and Alpha】前面的小三角，将【Layer】中的选项调整为“3.上 合成”，将【Map Over】中的选项调整为“XY”，打开【Displacement】前面的小三角，将

【Functionality】中的选项调整为“Individual XYZ”，将【Map Over】中的选项调整为“XY”，将【layer for Z】中的选项调整为“2.渐变取样”，将【Strength】中的选项调整为“-5000”，如图8-34所示， 调整完有了较强的三维空间感，效果如图8-35所示。

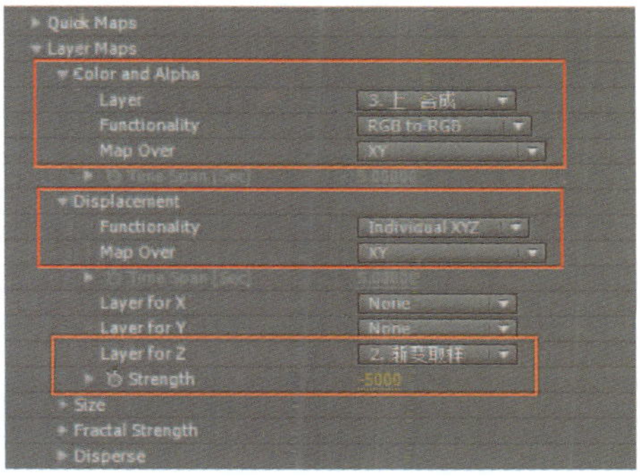

图8-34 “Layer Maps”参数调整

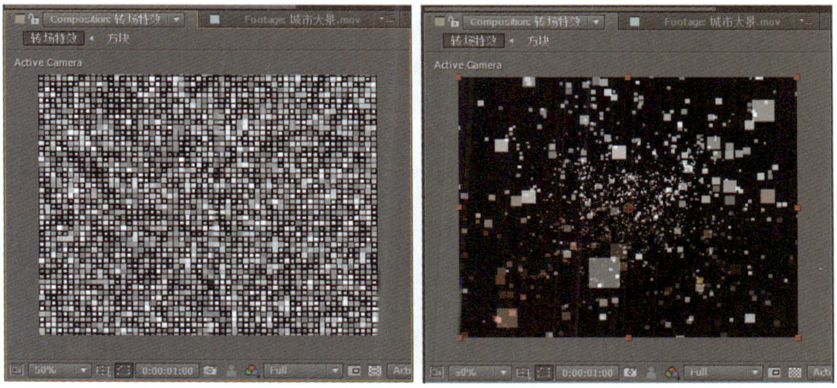

图8-35 “01：00”处调整前后效果对比

24 在时间线编辑区，按【Home】键，时间线指针会移动到零帧处，选中层1，按【T】键，打开层1的透明属性，开启透明属性的关键帧，把透明属性的数值调整为“0”，零帧处会产生一个关键帧，如图8-36所示。

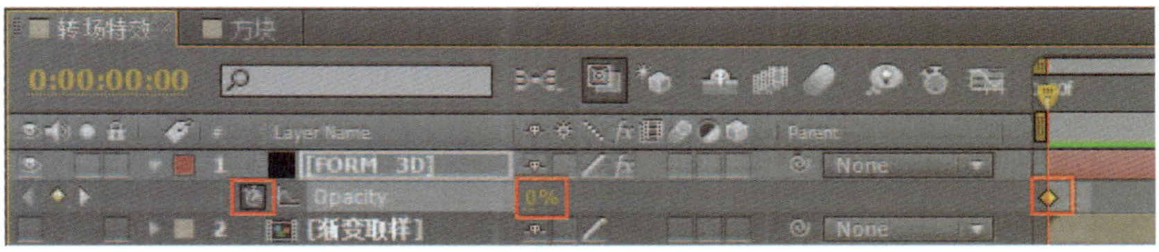

图8-36 添加透明属性关键帧

25 单击素材编辑窗口右上角的黄色时间显示区，输入数字“5”，按【Enter】键结束编辑，时间线上的指针会移动到第五帧的位置，选中层1，将层1的透明属性调整为“100”，将时间线上的指针移动到“01：00”处，将层1的透明属性调整为“0”；将时间线上的指针移动到“00：21”处，将层1的透明属性调整为“100”；将时间线上的指针移动到“01：00”处，在特效编辑区，展开【Layer Maps】,打开【Color and Alpha】前面的小三角，开启【Strength】的关键帧，在时间线编辑区，选中层1，将时间线指针移动到“00：01”处，将【Strength】的参数调整为“0”，将时间线指针移动到“01：24”处，将【Strength】的参数调整为“0”，按【U】键，现在时间线编辑区的效果如图8-37所示。

图8-37　时间线编辑区的效果

26 在时间线编辑区，选中层1，按【Ctrl+D】组合键，将层1复制一层；按【Enter】键，将层1改名为“FORM　3D 上”；选中层2，按【Enter】键，将层2改名为“FORM　3D 下”，如图8-38所示；在特效编辑区，将【Layer】中的选项调整为“5.下 合成”，如图8-39所示。

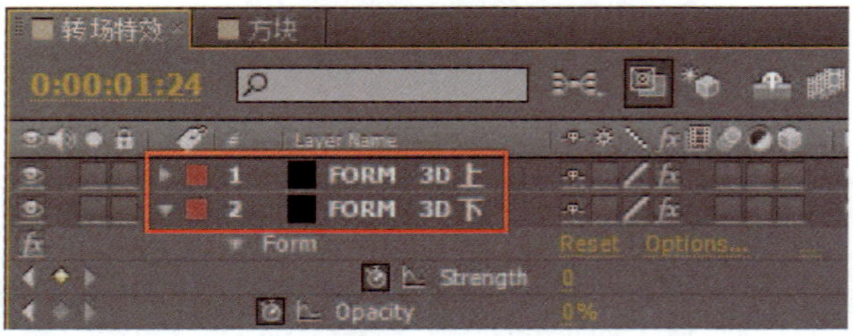

图8-38　复制一个图层

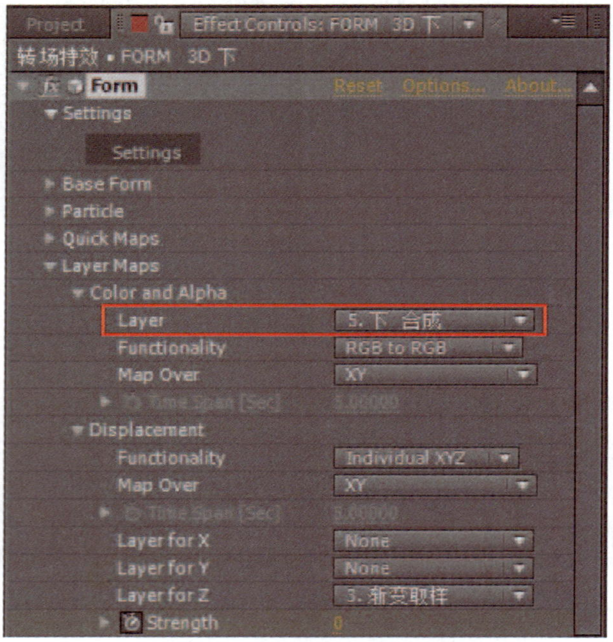

图8-39　“Layer”选项调整

关键帧调节和运动模糊

27 在时间线编辑区，选中层1，按【U】键显示出层1的关键帧；选中层2，按住鼠标左键，将透明属性的四个关键帧全部选中，如图8-40所示；单击一个关键帧，按住鼠标不放，将四个关键帧向后移，第四个关键帧移动到“02：00”处松开鼠标；再调整第一和第二个关键帧的位置，对齐层1中间的两个关键帧，如图8-41所示。

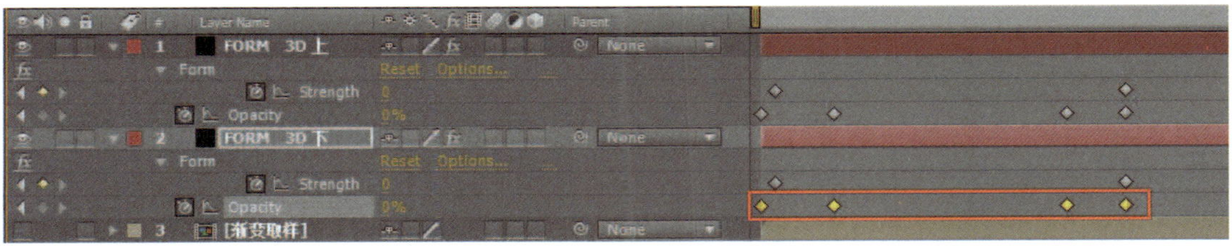

图8-40　选择四个关键帧

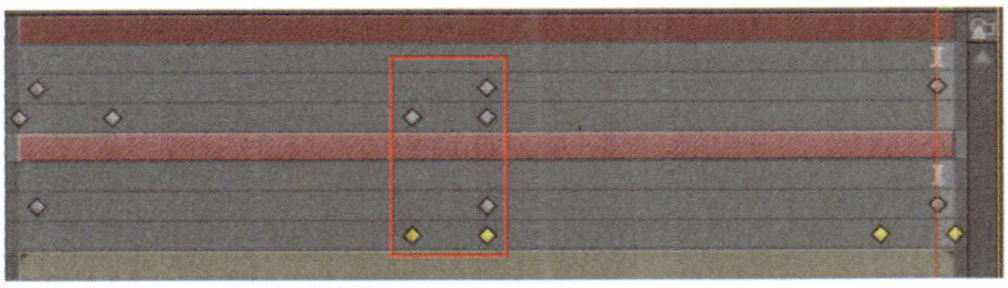

图8-41　关键帧对齐

28 为了增强画面的冲击力，可以开启Motion Blur，单击时间线编辑区左上方的![]，将层1和层2的“Motion Blur”也打开，如图8-42所示；至此已全部完成了这个有冲击力的特效转场，最终效果如图8-43所示。

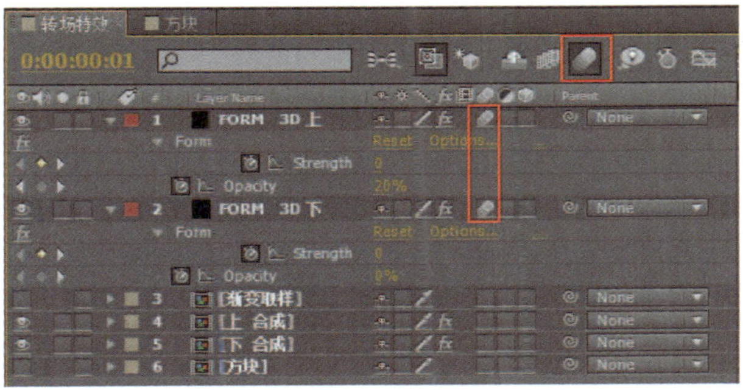

图8-42　开启“Motion Blur”

图8-43　最终效果

知识点拓展

01【Fractal Noise】（分形噪波）

（1）概念

【Fractal Noise】滤镜特效可以为影片增加分形噪波，用于创建一些复杂的物体及纹理效果。该滤镜可以模拟自然界真实的烟尘、云雾[a]、流水等多种效果。【Fractal Noise】特效对话框如图8-44所示。

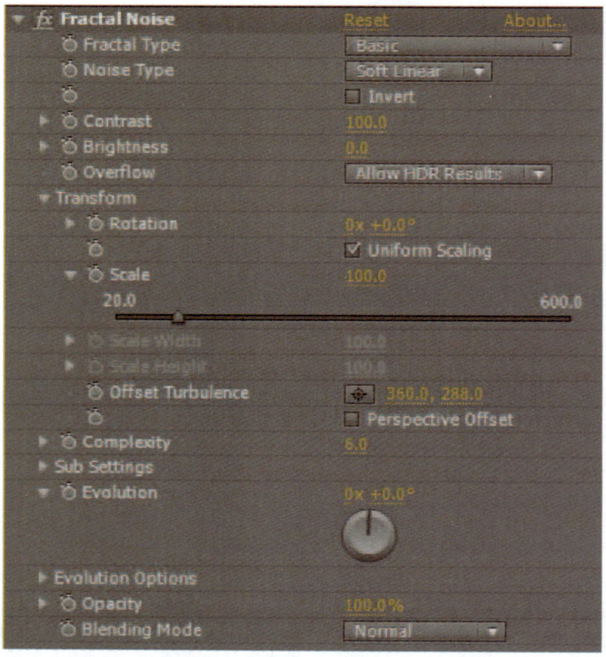

图8-44　【Fractal Noise】特效对话框

（2）【Fractal Noise】子菜单解释

- Fractal Type（分形类型）可以设置所需要使用的分形方式。
- Noise Type[b]（噪波类型）可以设置所需要使用的噪波类型。
- Invert（反转）可以控制是否反转分形噪波效果。
- Contrast（对比度）可以控制分形噪波的对比度。
- Brightness（亮度）可以控制分形噪波的亮度。
- Overflow（溢出）可以设置分形噪波的溢出方式。
- Transform（变换）可以调整分形噪波的大小[c]、角度、位置等。
- Complexity（复杂性）可以控制分形噪波的复杂程度。
- Evolution（演化）可以控制分形噪波的相位。
- Opacity（不透明度）可以控制分形噪波的不透明度。
- Blending Mode（混合模式）可以控制分形噪波效果与原始图像的混合模式。

技巧

ⓐ用【Fractal Noise】特效制作流云效果时，配合【Lens Flare】（特效目录：【Effects】>【Generate】>【Lens Flare】）特效的使用，能制作出更加炫丽的效果。

经验

ⓑ【Noise Type】共有【Block】、【Linear】、【Soft Linear】和【Splinge】四种类型，用【Soft Linear】能制作出很真实的流云效果。

技巧

ⓒ可以取消选中【Uniform Scaling】复选框，根据制作需求，随意调整分形噪波的宽度和高度。

02 特效工具栏

特效工具栏在After Effects CS5的右侧，界面如图8-45所示；所有自带的插件和安装的第三方插件及插件预设[d]都在这个工具栏里面，可以通过工具栏右边的滚动条很方便地查找自己要的插件[e]。查找到插件后，将其拖入要添加插件的层即可[f]。找和添加插件都非常方便。

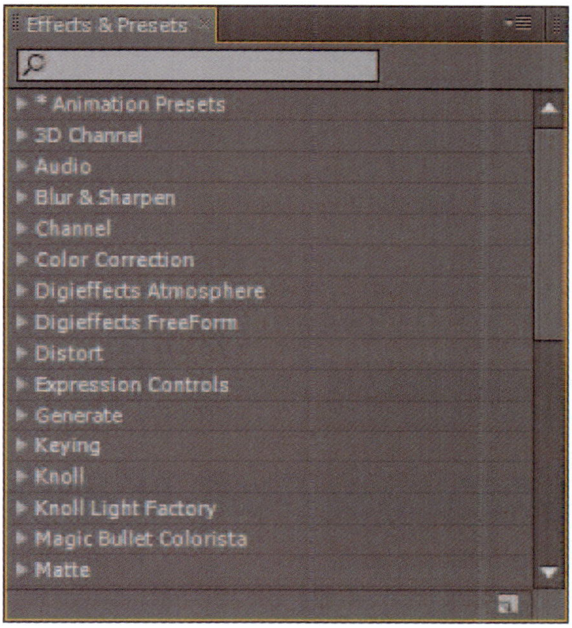

图8-45 特效工具栏

03 【Gradient Wipe】（渐变擦拭）

（1）概念

Gradient Wipe[g]（渐变擦拭）滤镜特效是指定一个图层的亮度值为基础创建一个渐变过渡效果。在渐变层擦拭中，渐变层的像素亮度决定当前层中哪些对应像素透明，以显示底层。【Gradient Wipe】特效对话框如图8-46所示。

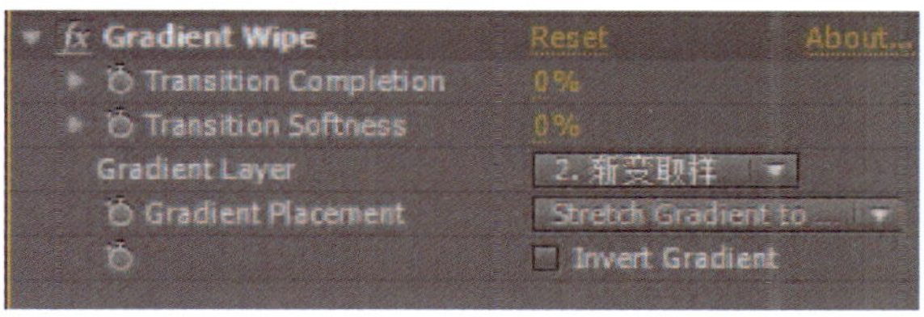

图8-46 【Gradient Wipe】特效界面

（2）【Gradient Wipe】子菜单解释

- Transition Completion（切换完成）可以控制渐变溶解程度。
- Transition Softness（切换柔和）可以控制切换时渐变成溶解边缘的柔和程度。

经验

ⓓ插件预设在【Animation Presets】目录下，通过使用插件预设，可大大提高工作效率。

经验

ⓔ除了用工具栏右边的滚动条查找插件外，还可以通过工具栏上面的搜索栏搜索插件。只需输入要添加插件的名字，就能很快地定位到该插件。

经验

ⓕ查找到要添加的插件后，选中要添加插件的层，双击该插件也能添加插件。

经验

ⓖ本模块只是利用【Gradient Wipe】特效中的【Gradient Lay】功能制作了方块转场效果。通过对指定图层的亮度值调整，能制作出更多的转场特效。

- Gradient Layer（渐变层）用于设置渐变层的擦拭。
- Gradient Placement（渐变放置）可以控制渐变层溶解的位置和大小。
- Invert Gradient（反转渐变）可以反转渐变层。

04【Form】粒子插件

【Form】ⓗ是一组制作粒子特效的插件，是一款第三方插件。光盘中提供了这款插件的安装程序及序列号。

打开【光盘\模块08\插件\Form_Win_Full】目录下的【Trapcode Form 1.1.exe】，进入安装界面，当安装到注册界面时，如图8-47所示，打开【光盘\模块08\插件\Form_Win_Full】目录下的【sn.txt】文档，将里面的序列号输入，输入完后，单击【Done】按钮完成注册，再将插件安装至【ADOBE AFTER EFFECTS CS5\SUPPORT FILES\PLUG-INS】文件夹下即可。

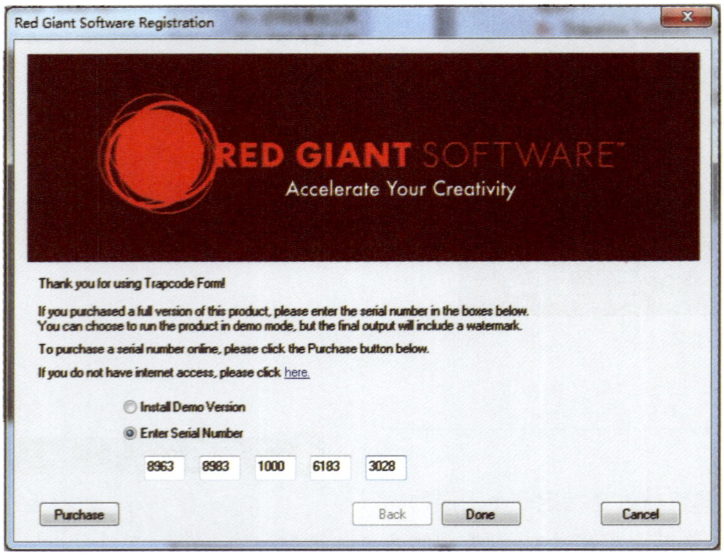

图8-47【Form】插件注册界面

经验

ⓗ【Form】是一款强大的粒子插件，能制作出沙化字等炫丽的效果。（注意：【Form】粒子插件对电脑的硬件配置要求非常高。在制作特效的时候，需要根据电脑的配置，适当地调整粒子的数量和特效的复杂程度。）

独立实践任务（3课时）

任务二　城市俯视与城市夜景转场特效制作

任务背景

巩固本模块学习的转场特效，熟练掌握分形噪波和粒子技术。

任务要求

使用【Form】【Fractal Noise】特效，为素材文件夹内的两段素材制作转场特效。

最终效果

【技术要领】“Form”特效；“Fractal Noise”特效。

【解决问题】结合“Form”“Fractal Noise”特效完成转场特效，学会安装和注册第三方插件。

【应用领域】影视后期。

【素材来源】光盘\模块08\素材\城市俯视.mov、城市夜景.mov。

【效果展示】无。

任务分析

主要制作步骤

课后作业

1. 填空题

（1）按键盘上的________键显示层关键帧。

（2）Gradient Wipe滤镜特效是指定一个图层的________为基础创建一个________效果。在渐变层擦拭中，渐变层的像素________决定当前层中哪些对应像素透明，以显示底层。

2. 单项选择题

（1）在时间线编辑区按________组合键拷贝一个图层。

A.【Ctrl+Shift+C】　　B.【Ctrl+N】

C.【Ctrl+D】　　D.【Ctrl+Shift+D】

（2）在制作过程中，需要将关键帧反向时，应该选择________。

A. Time-Reverse Keyframes　　B. Keyframe Assistant

C. Particle Type　　D. Functionality

（3）【Fractal Noise】特效中【Blending Mode】的意思是________。

A. 溢出　　B. 混合模式

C. 变换　　D. 演化

3. 课后实践

结合前面模块05学习的【Camera】知识，将【Camera】运用到本模块的特效转场中，并将大概步骤写出来。

09

模块

动画片特效制作
——《小龙阿布》火焰效果

能力目标

对CS5一些工具的综合应用

专业知识目标

1.熟练地掌握对颜色的控制

2.掌握调色的基本用法

软件知识目标

能熟练应用前期素材进行处理

课时安排

6课时（讲课3课时，实践3课时）

任务参考效果图

模拟制作任务（3课时）

任务一 火焰制作

任务背景

《小龙阿布》是一部国产教育动画片，它充分运用孩子般的想象，创造了一个美好的卡通世界。片中由于八珠对小龙阿布进行挑衅，所以阿布向八珠喷火，烧到了八珠的尾部，痛得他大跳大嚷。

任务要求

对片中八珠的尾部进行火焰制作，通过后期制作软件的处理手段和技术方法，并利用Maya2009和After Effects CS5结合技术，制作出一个出色的火焰效果。

播出平台：多媒体、中央电视台及各地方电视台。

制式：PAL 制。

任务分析

本片中八珠的尾部着火了，火焰的制作，一直以来都是三维和二维单独地制作，但这样的制作方式对机器的要求很高，渲染耗时又长。那么可不可以利用Maya2009和After Effects CS5结合的方法来制作呢？如果可以的话，将会减少大量的渲染时间，用户就可以利用这些时间，更好地完善整个项目。结合以往制作火焰的经验，先利用Maya2009制作火的形态，再利用After Effects CS5进行校色变形，从而完成最终的效果制作。

本案例的重点、难点

CS5的常用命令应用。

【技术要领】CS5的常用命令应用。

【解决问题】利用后期制作，减少三维的渲染时间。

【应用领域】影视后期。

【素材来源】光盘\模块09\素材\huoyan.mb。

【效果展示】无。

操作步骤详解

导入文件初步认识粒子[01]

01 启动Maya2009。选择【File】>【Import Options】命令。弹出【Import】对话框，如图9-1所示。选择“光盘\模块09\素材\huoyan.mb”文件，单击【OK】按钮，完成文件导入。如图9-2所示。

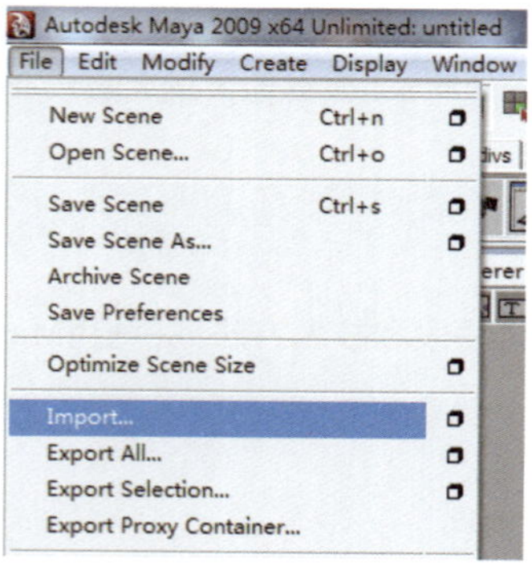

图9-1　导入文件

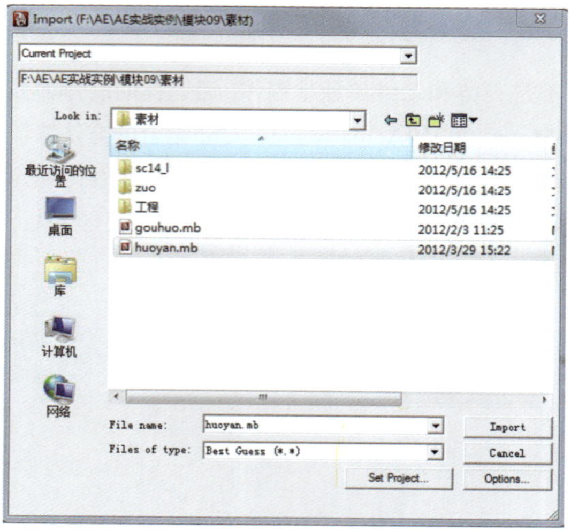

图9-2　导入文件对话框

02 按键盘上的【F5】键进入动力学编辑模块，选择模型八珠的尾部，对其添加物体发射命令【Particles】>【Emit form object】，使其尾部进行粒子发射，如图 9-3所示。

03 如图9-4所示，文件中的粒子过于生硬，没有丝毫变化，所以要对其进行编辑，使其向火焰的形态变化。选中粒子，按【Ctrl+A】进入粒子编辑模式，如图9-5所示。

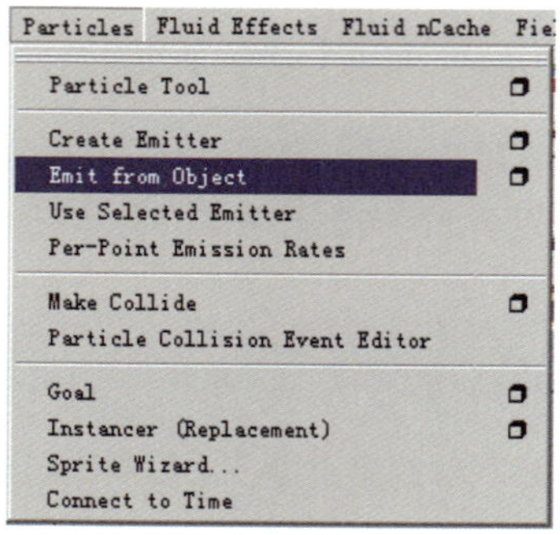

图9-3　粒子表面发射器命令

图9-4　粒子进行编辑前

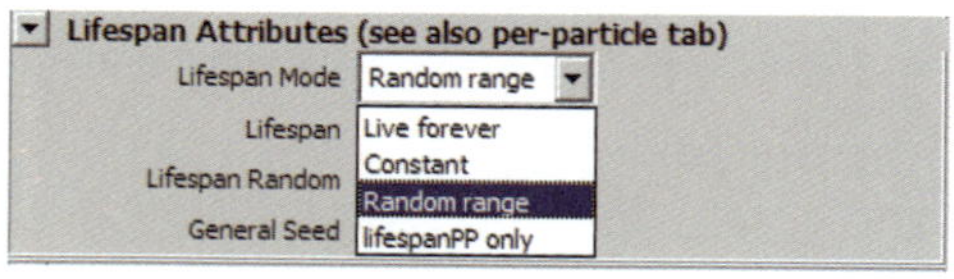

图9-5　Lifespan Attributes模式

粒子编辑

04 在粒子编辑模式中对其【Lifespan Attributes】>【Lifespan Mode】>【Live forever】改成【Random range】。如图9-6所示。把【Lifespan】改成“0.200”，把【Lifespan Random】改成“0.130”，如图9-7所示。

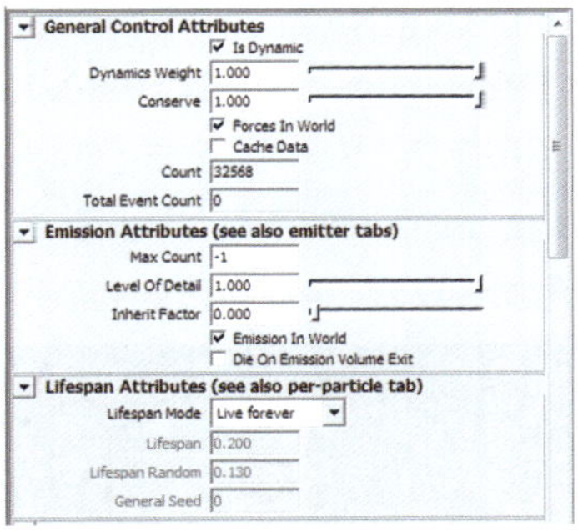

图9-6　粒子编辑模式

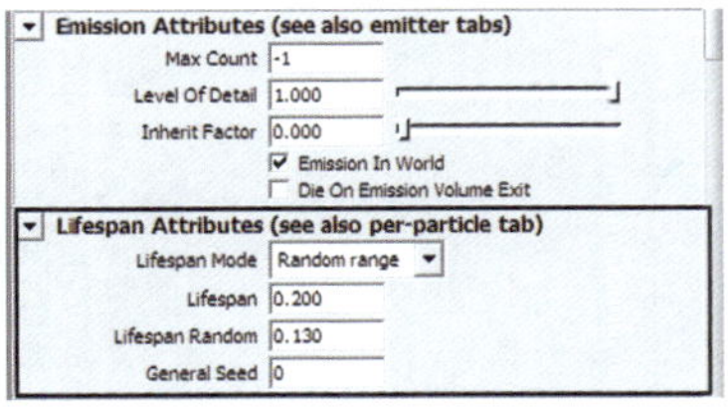

图9-7　Lifespan Attributes 属性

05 选择【Render Attributes】，把【Points】改成【Streak】，勾选【Color Accum】复选框，如图9-8所示。选中粒子，对其添加场，并进行控制，选择【Fields】>【Turbulence】，按【Ctrl+A】对【Turbulence】属性进行编辑，把【Magnitude】改成“100.000”，把【Attenuation】改成“0.000”，在【Phase Y】后面填写“=frame”，如图9-9所示。

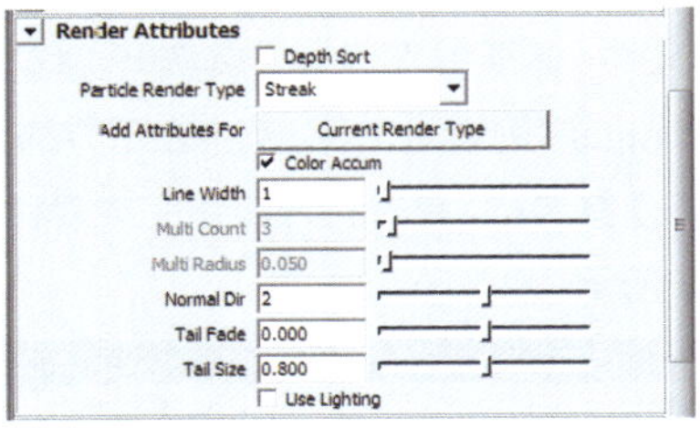

图9-8　粒子形态编辑

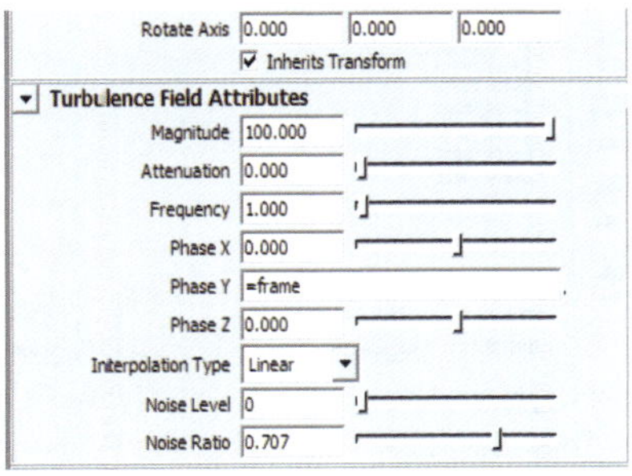

图9-9 Turbulence属性

06 选择粒子继续对其进行场添加，选择【Fields】>【Radial】，按【Ctrl+A】把【Magnitude】改成“-10.000”，把【Attenuation】改成“0.000”，如图9-10所示。

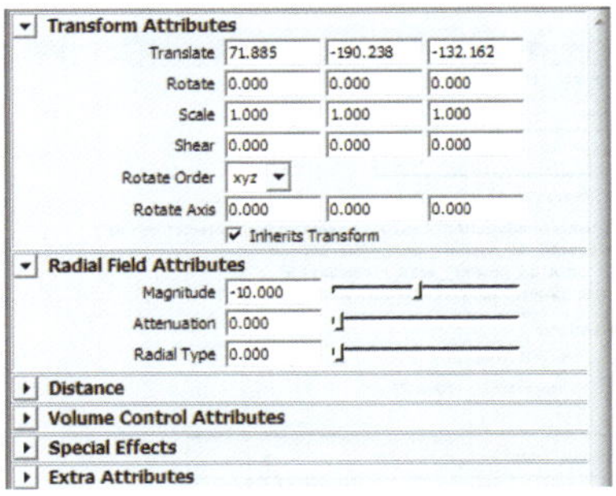

图9-10　Radial属性编辑

07 把【Radial】放在八珠尾部上方，使粒子向其汇集，形成火焰的形态，如图9-11所示。

图9-11　最终粒子形态

08 选择【Create】>【Lights】>【Ambient Light】，对场景进行照明，使粒子有明暗关系。按【F6】进入渲染编辑模块，选择【Render】>【Render Current Frame】进行渲染，渲染结果如图9-12所示。

图9-12　渲染结果

09 如图9-13所示。找到渲染设置按钮，进行渲染编辑。把【Render Vsing】改成【Frame/Animation ext】，把【Frame/Animation ext】改成【name.#.ext】。【Start frame】设置为“1.000”，【End frame】设置为“11.000”，如图9-14所示。

图9-13 渲染按钮

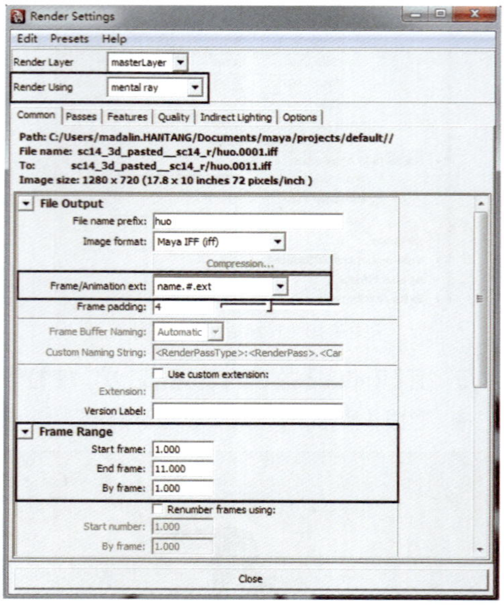

图9-14 渲染编辑

10 选择【File】>【Project】>【Set project】指定一个文件夹，这个文件夹就是用户的工程目录，进行渲染的东西也会储存到这个文件夹里。如图9-15所示。选择【Render】>【Batch Render】进行批渲染，如图9-16所示。

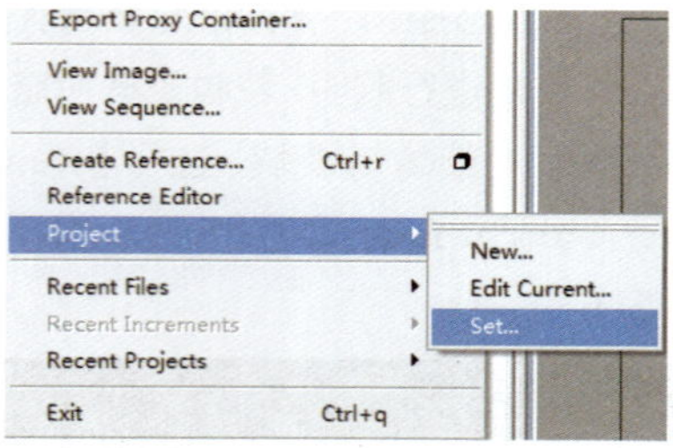

图9-15 工程目录指定

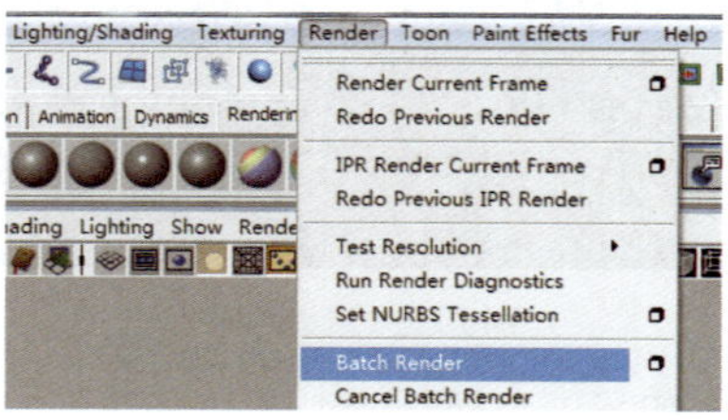

图9-16 批渲染命令

11 启动 After Effects CS5。如图9-17所示，在引导页对话框中选择【New Composition】选项，弹出【Composition Settings】对话框，将【Composition Name】命名为“尾部火焰制作”设定【Preset】为“HDTV 1080 25”，设定【Resolution】为“Full”，设定【Duration】为“0:00:00:11”，如图9-18所示。单击【OK】按钮完成项目工程文件设置，保存项目文件至硬盘。

图9-17 新建工程文件

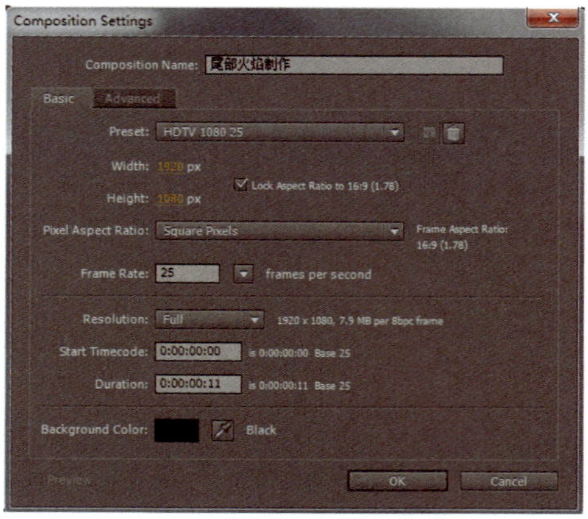

图9-18 设置工程文件参数

12 选择【File】>【Import】>【File】命令，弹出【Import File】对话框，导入三维输出的序列素材文件，继续导入选择“模块09\素材\sc14_l\sc14_l.#.tga序列素材文件，选中左下方的【Targa Sequence】复选框，单击打开按钮完成素材导入，如图9-19所示。

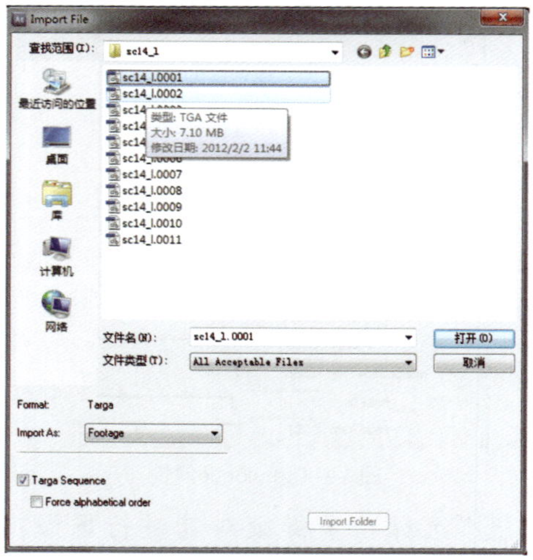

图9-19 选择序列帧素材

13 选中三维输出的素材，按【Ctrl+Alt+G】组合键，对素材进行设置，把默认的【Straight-Unmatted】改成【Premultiplied-Matted With Color】，得到带有Alpha通道的素材。如图9-20所示。将所有素材拖入尾部进行火焰制作，选中时间编辑区中的“huo.[000-011].iff”，选择【Effect】>【Blur& Sharpen】>【CC Vector Blur】命令，如图9-21所示。将【Amount】的默认值“0”改成“30.0”。如图9-22所示。

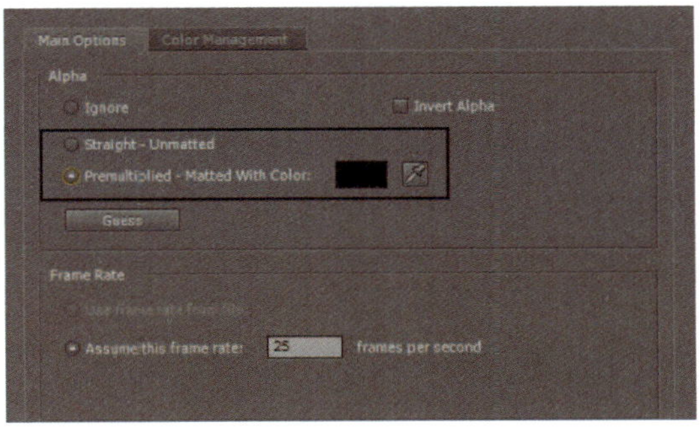

图9-20　素材设置

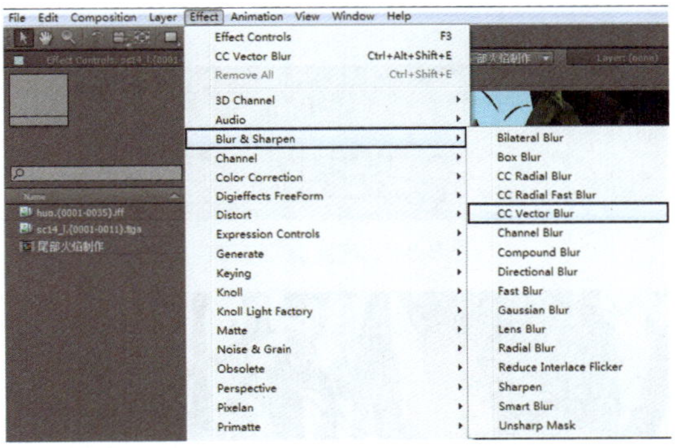

图9-21　选择CC Vector Blur滤镜

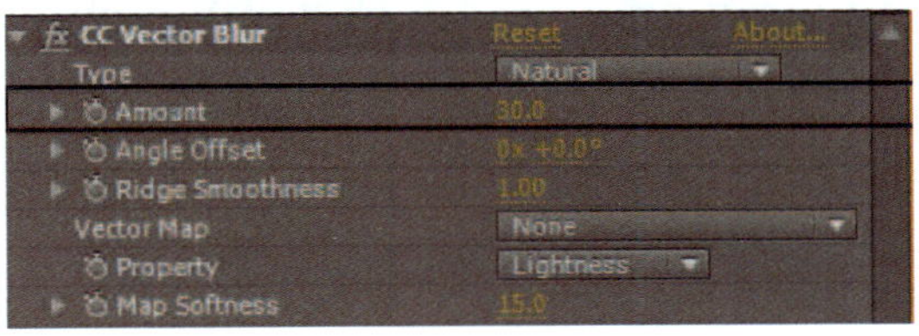

图9-22　CC Vector Blur滤镜设置

14 选择【Effect】>【Color Correction】>【Curves】命令进行校色，如图9-23所示。对【Curves】的曲线“RGB，Red，Green，Blue[02]”，分别进行调整，如图9-24所示。

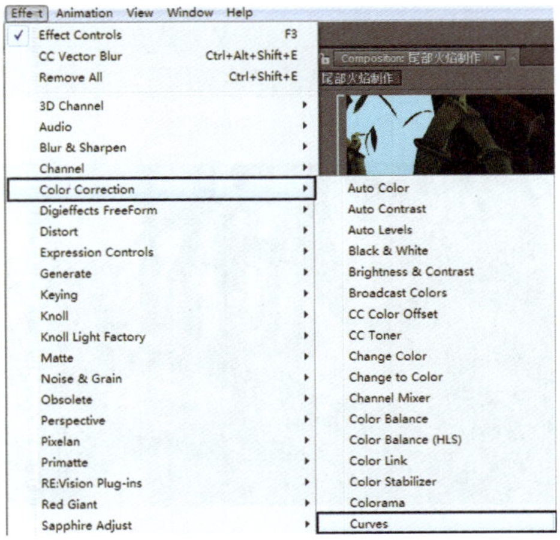

图9-23　选择Curves滤镜

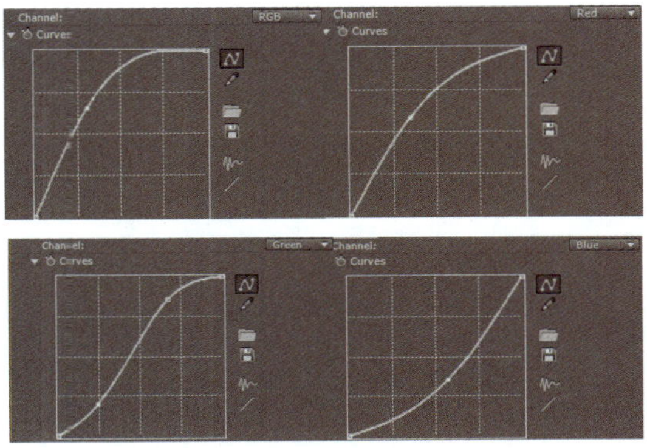

图9-24　Curves属性

15 选择【Effect】>【Blur Sharpen】>【Fast Blur】命令，如图9-25所示。将【Blurriness】默认值“0”改成“10.0”，如图9-26所示。所得到的初步效果图，如图9-27所示。

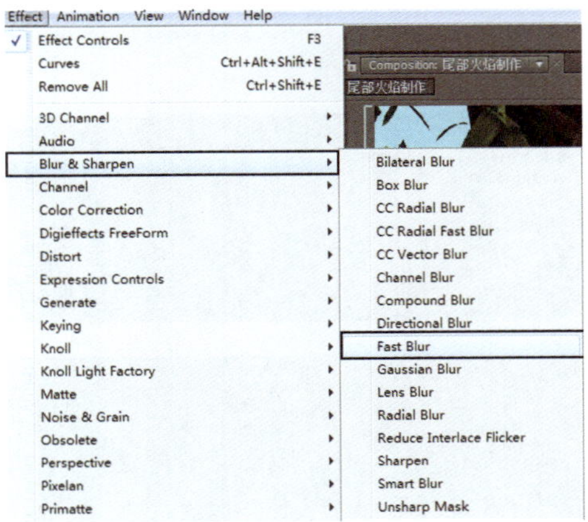

图9-25　选择Fast Blur滤镜

图9-26 Fast Blur属性

图9-27 初步效果图

16 选择【Effect】>【Color Correction】>【Hue/Saturation】命令，将【Master Saturation】的默认值“0”改成“35”。如图9-28所示。

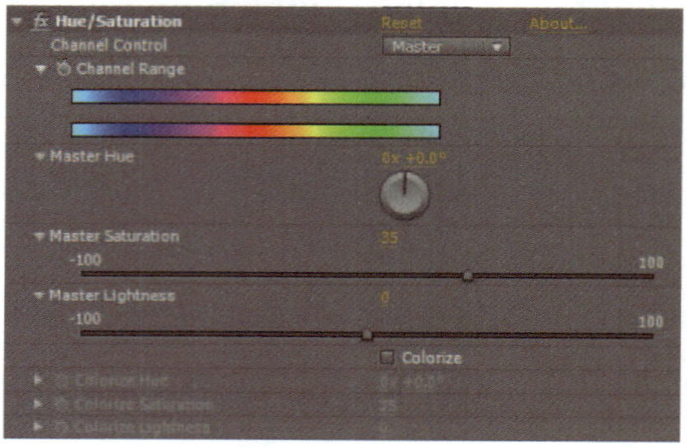

图9-28 Hue/Saturation属性

17 选择【Effect】>【Color Correction】>【Curves】命令进行校色，对【Curves】的曲线“RGB，Red，Green，Blue”，分别进行调整，如图9-29所示。

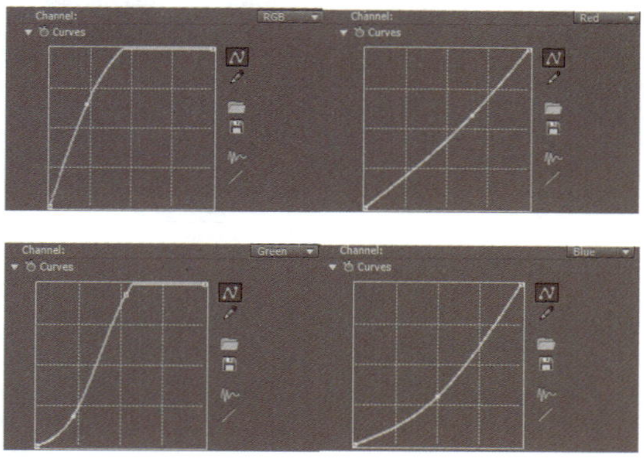

图9-29 Curves2属性

18 选择【Effect】>【Stylize】>【Glow】命令，将【Glow Threshold】的默认值“60”改成“85.9%”，将【Glow Radius】的默认值“10.0”改成“216.0”。如图9-30所示。

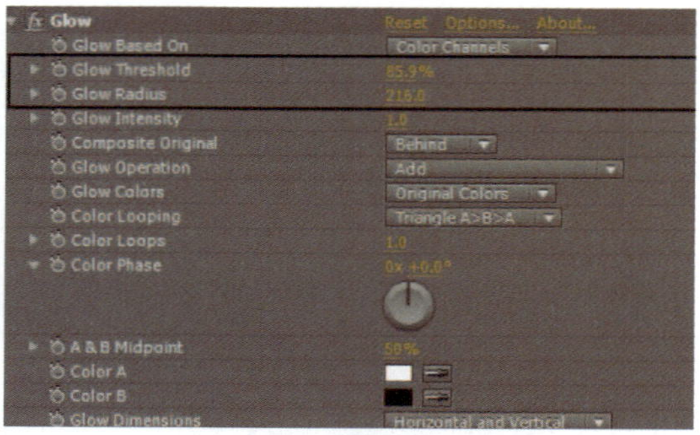

图9-30 Glow属性

19 在时间编辑区中把三维素材的叠加默认方式“Normal”改成“Add”，如图9-31所示。选中“huo”，按【Ctrl+D】复制出一份三维素材huo，选择【Effect】>【Blur Sharpen】 >【Fast Blur】命令，把默认值“0”改成“181.0”，得到最终效果图。如图9-32所示。

图9-31 改变叠加方式

图9-32 最终效果图

知识点拓展

01 粒子系统基本原理和组成

粒子系统是采用大量的、具有一定生命和属性的微小粒子图元作为基本元素来描述不规则的模糊物体。在粒子系统中，每一个粒子图元均具有各自的属性[a]，而一个粒子究竟有什么样的属性，主要取决于粒子系统用来模拟什么。粒子系统是动态变化的，粒子系统的所有属性都是时间t的函数，随着时间的推移，系统中不断有新的粒子加入，旧的粒子死亡，系统中“存活”的粒子其位置及生命值亦随时间变化而变化。随着虚拟世界时间的流逝，每个粒子都要在虚拟世界经历“产生”、“活动”和“消亡”三个阶段。一般而言，粒子系统的绘制基本可按照以下步骤进行。

(1) 产生新的粒子加入系统中；

(2) 赋予每个粒子一定的属性；

(3) 删除超过生命值上限的粒子；

(4) 根据粒子属性的动态变化对粒子进行移动和变换；

(5) 绘制并显示由有生命的粒子组成的图形。

其中第(3)、(4)、(5)步循环形成了物体的动态变化过程。

通过前面的学习，我们知道粒子系统中每一颗粒子都具有自己的各种属性，因此每一颗粒子就是一个粒子对象，所以我们的粒子系统首先需要一个代表粒子的类Particle。由于我们每一种特效都需要很多粒子来实现，这些粒子的运动方式以及发射的频率都是我们能够控制的，所以我们还需要一个用于控制粒子特效的类ParticleSystem。综上所述，粒子系统由粒子（Particle）和发射器（ParticleSystem）组成。

经验

ⓐ粒子是具有一定属性的微小粒子，也就是说这些微小粒子的形状、大小、颜色、透明度、运动速度、运动方向和生命周期等属性来进行控制，可以是单个，也可以是多个。

02 理解三色原理

在中学的物理课上，我们可能做过棱镜的试验，白光通过棱镜后被分解成多种颜色逐渐过渡的色谱，颜色依次为红、橙、黄、绿、青、蓝、紫，这就是可见光谱[b]。同样绝大多数单色光也可以分解成红绿蓝三种色光。这是色度学的最基本原理，即三基色原理。三种基色是相互独立的，任何一种基色都不能由其他两种颜色合成。红绿蓝是三基色，这三种颜色合成的颜色范围最为广泛。红绿蓝三基色按照不同的比例相加合成混色，称为相加混色。

红色+绿色=黄色　　　　绿色+蓝色=青色

红色+蓝色=品红　　　　红色+绿色+蓝色=白色

黄色、青色、品红都是由两种基色相混合而成，所以它们又称相加二次色。另外：

注意

ⓑ其中人眼对红、绿、蓝最为敏感，人的眼睛就像一个三色接收器的体系，大多数的颜色可以通过红、绿、蓝三色按照不同的比例合成产生。

红色+青色=白色　　　　　　　　　蓝色+黄色=白色

绿色+品红=白色

所以青色、黄色、品红分别又是红色、蓝色、绿色的补色[c]。除了相加混色法之外还有相减混色法。在白光照射下，青色颜料吸收红色而反射青色，黄色颜料吸收蓝色而反射黄色，品红颜料吸收绿色而反射品红。也就是：

白色-红色=青色　　　　　　　　　白色-绿色=品红

白色-蓝色=黄色

另外，如果把青色和黄色两种颜料混合，在白光照射下，颜料吸收了红色和蓝色，而反射了绿色，对于颜料的混合我们表示如下：

颜料(黄色+青色)=白色-红色-蓝色=绿色

颜料(品红+青色)=白色-红色-绿色=蓝色

颜料(黄色+品红)=白色-绿色-蓝色=红色

以上的都是相减混色,相减混色就是吸收不同的三基色比例而形成不同的颜色。所以把青色、品红、黄色称为颜料三基色。颜料三基色的混色在绘画、印刷中得到广泛应用。在颜料三基色中，红绿蓝三色被称为相减二次色或颜料二次色。在相减二次色中有：

(青色+黄色+品红)=白色-红色-蓝色-绿色=黑色。

用以上的相加混色三基色所表示的颜色模式称为RGB模式,而用相减混色三基色原理所表示的颜色模式称为CMYK模式,它们广泛运用于绘画和印刷领域。

RGB模式是绘图软件最常用的一种颜色模式，在这种模式下，处理图像比较方便，而且，RGB存储的图像比CMYK图像要小，可以节省内存和空间。

CMYK模式是一种颜料模式,所以它属于印刷模式,但本质上与RGB模式并没有区别,只是产生颜色的方式不同。RGB为相加混色模式，CMYK为相减混色模式。例如，显示器采用RGB模式，就是因为显示器是电子光束轰击荧光屏上的荧光材料发出亮光从而产生颜色。当没有光的时候为黑色，光线加到最大时为白色。而打印机，它的油墨不会自己发出光线。因此只能采用吸收特定光波而反射其他光的颜色，所以需要用减色法来解决。

HLS(色相[d]、亮度[e]、饱和度[f])原理　HLS 是Hue(色相)、Luminance(亮度)、Saturation(饱和度)。 另外还有一个概念，就是对比度。对比度是指不同颜色之间的差异。对比度越大，两种颜色之间的相差越大，反之，就越接近。如一幅灰度图像提高它的对比度会更加黑白分明，调到极限时，它会变成黑白图像，反之，我们可以得到一幅灰色的画布。

我们了解了颜色的原理,我们在图像处理时就不会茫然，并且对于颜色的调整也可以更快、更准确。

经验

ⓒ由于每个人的眼睛对于相同的单色的感受有所不同，所以，如果我们用相同强度的三基色混合时，假设得到白光的强度为100%，这时候人的主观感受是，绿光最亮，红光次之，蓝光最弱。

经验

ⓓ色相是颜色的一种属性，它实质上是色彩的基本颜色，即我们经常讲的红、橙、黄、绿、青、蓝、紫七种，每一种代表一种色相。色相的调整也就是改变它的颜色。

经验

ⓔ亮度就是各种颜色的图形原色的明暗度，亮度调整也就是明暗度的调整。亮度范围从0到255，共分为256个等级。

经验

ⓕ饱和度是指图像颜色的彩度。对于每一种颜色都有一种人为规定的标准颜色，饱和度就是用描述颜色与标准颜色之间的相近程度的物理量。调整饱和度就是调整图像的彩度。将一个图像的饱和度调为零时，图像则变成一个灰度图像，大家在电视机上可以试一试调整饱和度按钮。

独立实践任务（3课时）

任务二 篝火制作

任务背景

在小龙阿布片中，法师在篝火边释放魔法，以法师的魔法为参照物，制作篝火燃烧效果，让篝火和魔法形成鲜明对比。

任务要求

- 在木块上制作火焰，形成篝火的效果。
- 播出平台：多媒体。
- 制式：PAL制。

【技术要领】粒子形态制作，后期校色。

【解决问题】篝火制作。

【应用领域】影视后期。

【素材来源】光盘\模块09\素材\gouhuo.mb。

【效果展示】无。

任务分析

____

____

主要制作步骤

____

____

课后作业

1. 填空题

（1）【RGB】分别代表什么________【HLS】分别代表什么________。

（2）在层【Mask】属性中的________属性可以对图像动态Mask进行控制。

2. 单项选择题

（1）【Ambient Light】对场景起什么作用________。

A. 对场景进行照明　　B. 对场景进行优化

C. 对场景进行渲染　　D. 对场景进行保存

（2）导入Adobe After Effects CS5中的素材，怎样设置为带有Alpha通道的素材________。

A. 按快捷键【Ctrl+Alt+G】选择【Ignore】

B. 按快捷键【Ctrl+Alt+G】选择【Ignore】勾选【Invert Alpha】

C. 按快捷键【Ctrl+Alt+G】选择【Straight-Unmatted】

D. 按快捷键【Ctrl+Alt+G】选择【Premultiplied-Matted With Color】

3. 多项选择题

（1）对于Adobe After Effects CS5中的快捷键【Ctrl+D】，下列描述正确的是________。

A. 对素材进行一次复制　　B. 对素材进行多次复制

C. 对素材进行放大　　D. 对素材进行缩小

（2）关于Adobe After Effects CS5中【Curves】命令，下列描述正确的是________。

A. 对素材的Red通道进行编辑　　B. 对素材的Blue通道进行编辑

C. 对素材的Green通道进行编辑　　D. 对素材的Alpha通道进行编辑

After Effects

Premiere